A evolução geológica da Terra e a fragilidade da vida

Blucher

Kenitiro Suguio
Geólogo, doutor em ciências. Membro titular da
Academia Brasileira de Ciências e professor Emérito do
Instituto de Geociências da Universidade de São Paulo

Uko Suzuki
Geólogo, doutor em ciências. Supervisor do programa
departamental OD21, do Jamstec
(Japan Marine Science and Technology Center)

A evolução geológica da Terra e a fragilidade da vida

2ª edição

A evolução geológica e a fragilidade da vida

2ª edição - 2010
3ª reimpressão - 2015
Editora Edgard Blücher Ltda.

Blucher

Rua Pedroso Alvarenga, 1245, 4º andar
04531-012 - São Paulo - SP - Brasil
Tel 55 11 3078-5366
contato@blucher.com.br
www.blucher.com.br

Segundo Novo Acordo Ortográfico, conforme 5. ed. do *Vocabulário Ortográfico da Língua Portuguesa*, Academia Brasileira de Letras, março de 2009.

FICHA CATALOGRÁFICA

Suguio, Kenitiro
A evolução geológica da Terra e a fragilidade da vida / Kenitiro Suguio, Uko Suzuki - São Paulo: Blucher, 2009.

Bibliografia.
ISBN 978-85-212-0499-2

1. Geologia histórica 2. Terra (Planeta) 3. Terra - História 4. Terra - Origem I. Suzuki, Uko. II. Título.

09-11234 CDD-551.7

Índices para catálogo sistemático:
1. Terra: Evolução geológica: Geologia histórica 551.7

Prefácio

O texto dos doutores Kenitiro Suguio e Uko Suzuki transmite clara objetivamente, em linguagem acessível a leigos em ciências geológicas, o estado atual dos conhecimentos sobre a Terra e sua situação no contexto do Sistema Solar e do universo. Um glossário com os termos técnicos empregados torna o texto ainda mais acessível.

A experiência do dr. Kenitiro com a geologia do Brasil e a do dr. Uko com a do Japão foram muito úteis na seleção dos exemplos, tornando a exposição ainda mais didática. O texto, entretanto, aborda conhecimentos e problemas que interessam a todos os seres humanos.

O trabalho ganha importância ao abordar o equilíbrio instável das condições do planeta em relação à vida, em especial à vida humana. E coloca, de forma acertada, a posição extremamente subordinada do homem e sua pequenez diante da grandeza do universo. A supervalorização do homem é fruto da ignorância e só a pesquisa científica o coloca em sua devida dimensão.

A Terra — e, por consequência o ser humano — foi durante muito tempo considerada o centro do universo. Somente a partir do Renascimento o homem começou a ser colocado em seu devido lugar, e a descoberta da evolução orgânica situou a espécie humana como uma mera espécie biológica. A ciência e a tecnologia têm contribuído grandemente para o desenvolvimento dessa visão mais realista do homem e suas relações com o universo.

Os autores nos mostram, de forma competente, o quanto avançaram os conhecimentos sobre o nosso planeta — de hoje e do passado — e suas relações com o universo. Paradoxalmente, esses mesmos conhecimentos mostraram a extrema fragilidade da vida sobre a Terra, que, no dizer dos autores, "quase por milagre" surgiu e persiste por cerca de 3,6 bilhões de anos.

Kenitiro e Uko ressaltam algumas das características da Terra, como sua privilegiada posição no Sistema Solar, a existência do magnetismo — eficiente escudo contra a radiação solar —, a peculiaridade da água mais densa a 4 °C, e a providencial proteção da camada de ozônio contra as radiações e partículas solares nocivas.

O surgimento da camada de ozônio constitui um bom exemplo de como a evolução moldou o ambiente para aumentar as condições favoráveis à existência de vida superior. Graças à fotossíntese, o aumento do oxigênio atmosférico favoreceu o desenvolvimento da camada de ozônio.

Apesar de sua insignificância no universo, o homem contribuiu e contribui para a aceleração das tendências naturais de deterioração ambiental. Um bom exemplo disso encontramos na Fig. 7-2, que mostra a relação entre a taxa de crescimento anual da população humana e o número de espécies de mamíferos e aves extintos.

O texto expõe, em concatenação lógica, os conhecimentos da estrutura interna da Terra. Isso é importante para entendermos sua dinâmica, a distribuição e característica dos oceanos, a atmosfera, os seres vivos e suas evoluções no tempo, com alguns exemplos interessantes, como a influência da distribuição geográfica dos continentes sobre os climas pretéritos. Todos esses conhecimentos convergem para o esclarecimento dos desastres ecológicos e suas causas, acentuando a superestimação demagógica da interferência humana sobre esses desastres, embora a ciência esteja cada vez mais consciente de que há de fato uma dose de interferência humana.

Impactos de corpos celestes sobre a Terra é um fator a considerar, sendo inevitáveis dentro das possibilidades tecnológicas atuais. A eventual construção de mísseis que desviassem a trajetória desses corpos, impedindo sua colisão com nosso planeta, seria, talvez, uma esperança para o futuro da humanidade.

Em suma, considero este texto leitura obrigatória para que as pessoas se informem sobre os perigos que ameaçam nossa sobrevivência na Terra, bem como sobre os meios de defesa que temos à disposição. E, encerrando, desejo dar aqui um tom otimista, de confiança no progresso tecnológico para que a Terra continue sendo, por muito tempo ainda, o nosso lar.

Setembrino Petri
Professor titular do Instituto de
Geociências da Universidade de São Paulo

Nota dos autores

Este livro foi lançado antes em língua japonesa, em 1996, publicado pelo segundo autor com o título O que é a Terra? Surge agora em português, traduzido, adaptado e atualizado pelo primeiro autor, com plena concordância e aprovação do segundo.

O leitor perceberá que os exemplos brasileiros são mais raros, o que se justifica por três motivos. Primeiro, por se tratar da tradução e adaptação de um trabalho publicado originalmente em japonês. Segundo, porque a Geologia do Brasil é ainda, em geral, bem menos conhecida que a dos países do hemisfério norte. E terceiro, pela quase completa ausência, em nosso país, de fenômenos geológicos de monta, como vulcanismos e terremotos, de grande importância no Japão atual.

Os conhecimentos relacionados ao nosso planeta têm afluído com espantosa velocidade, especialmente nas últimas décadas. Isso se deve às pesquisas geológicas, envolvendo perfurações submarinas profundas, às interpretações de imagens de satélites e, principalmente, ao progresso das técnicas computacionais. Desse modo, têm surgido novidades que invalidam completamente os pontos de vista tradicionais então vigentes. Eis alguns exemplos dessas recentes descobertas:

- outrora, o dia na Terra já teve duração de 21 horas; portanto os anos tinham cerca de 400 dias;
- atualmente os continentes convergem para um ponto localizado na China, posição em que deverá se formar, daqui a uns 200 milhões de anos, um novo supercontinente;
- a intensidade do campo magnético terrestre vem enfraquecendo gradativamente, podendo se reduzir a zero daqui a 1.500 anos;
- há cerca de 18.000 anos, o nível da superfície oceânica, em escala global, situava-se 120 ou 130 metros abaixo do atual, de forma que a plataforma continental de hoje encontrava-se quase totalmente emersa;
- não é despropositado imaginar que a qualquer momento a Terra possa ser atingida por meteoritos ou outros corpos celestes, com resultados previsivelmente catastróficos.

Quanto mais esmiuçamos a história da Terra, mais nos surpreendemos que ela tenha subsistido "milagrosamente incólume" a catástrofes cósmicas, graças a situações muito favoráveis. Além disso, diversas pesquisas geocientíficas e observações espaciais revelam que o nosso planeta sofreu grandes transformações, guardando íntimas relações com o universo.

Mais tarde, a vida que aqui surgiu sofreu uma contínua evolução, acompanhando as mudanças cíclicas do planeta. O esclarecimento dessas transformações conduziu à percepção de que a vida e os ambientes terrestres constituem um sistema único e indivisível. Dessa forma, os fenômenos de aquecimento e resfriamento da Terra devem ser encarados como mudanças naturais ligadas à sua dinâmica.

O sistema de autorregulação do nosso planeta a longo prazo é, sem dúvida, muito eficiente. Por outro lado, o ser humano se caracteriza por uma extrema fragilidade e pela efêmera existência. Entretanto ele é capaz de causar danos irreparáveis a curto prazo. Pode-se imaginar, então, uma situação em que, daqui a algumas dezenas de anos, os "tripulantes" da nave interplanetária Terra sejam parcial ou totalmente eliminados por uma drástica e insuportável alteração no ambiente terrestre. Tal situação poderia ser causada principalmente pela superpopulação (mais de 10 bilhões de habitantes, talvez?), que, como consequência, desencadearia crises de falta de água, de alimentos, de fontes de energia suficientes, etc., levando os seres humanos a disputas por esses recursos naturais e/ou a surtos de epidemias antes desconhecidas.

Para que um quadro assim tenebroso não se transforme em realidade — pelo menos em tão curto tempo — , é necessário conhecermos bem, cada vez mais, a "anatomia", a "fisiologia" e o "metabolismo" do nosso planeta. Um melhor conhecimento da Terra talvez conduza o ser humano ao cumprimento da mais importante missão, que consiste em promover a harmoniosa coexistência entre a Terra, a sua própria espécie e os outros seres vivos.

Kenitiro Suguio e Uko Suzuki

Conteúdo

Capítulo 1

História do planeta Terra

Quanto mais conhecemos do passado da Terra, mais somos levados a acreditar que a sobrevivência do nosso planeta até hoje dependeu da feliz coincidência de verdadeiros "milagres cosmológicos". No Sistema Solar, a Terra é o único planeta que "hospeda" seres vivos (ver boxe). Por sua vez, a Terra exibe movimentos semelhantes aos daqueles organismos. Além disso, pesquisas em diversas áreas de conhecimento das geociências, bem como observações cosmológicas, levam à conclusão de que, na atualidade, a Terra encontra-se intimamente relacionada e constantemente influenciada pelo universo.

Neste capítulo serão discutidas as relações do nosso planeta com universo: origem, transformações até os dias atuais e, inclusive, seu futuro e sua extinção.

A obscura origem do universo

Quando se procura desvendar o passado da Terra, chega-se inevitavelmente ao do próprio universo e, por fim, à sua origem. Então, o que conhecemos sobre a origem do universo?

Segundo a moderna Física, acredita-se que o universo tenha se originado a partir de um "ponto", que se tornou infinitamente quente e sólido, ocasionando a Grande Explosão. Isso significa admitir que o universo se originou da explosão de um "ponto".

A hipótese da Grande Explosão (Big Bang) admite que a expansão do universo atualmente observada poderia ser extrapolada para o passado até a situação de uma "bola de fogo cósmica". Dependendo da velocidade de expansão inicial até a massa atual do universo, ligada a parâmetros hoje observáveis, ele pode ou não atingir o estado de máxima expansão e novamente sofrer colapso, voltando àquele "ponto" de partida.

Seres vivos

Em agosto de 1996, a Nasa (North American Space Agency) divulgou ter encontrado sinais de seres vivos primitivos em um fragmento de rocha com cerca de 3,6 bilhões de anos, "arremessado" de Marte para a Terra. Além disso, admite-se também a possibilidade de existência de seres vivos em Europa, um dos quatro maiores satélites de Júpiter. Se essas notícias forem verdadeiras, pode-se pensar na eventual distribuição ubíqua de vida pelo universo.

Teria existido, então, alguma coisa anteriormente à Grande Explosão? Infelizmente, não se tem uma resposta para essa questão. Não se pode falar em "tempo" antes da Grande Explosão; é como se nada tivesse existido! Outros admitem que, a partir da Grande Explosão, o universo teria se expandido, ao longo de ciclos de bilhões de anos, e num determinado momento tenha se contraído, retornando ao estado de "grande pulverização", para dar origem a um novo universo a partir de uma nova Grande Explosão; isto é, um mundo "sem-fim". Entretanto não dispomos de evidências conclusivas para esses fatos.

Especialmente a moderna Física, relacionada à teoria quântica, tenta explicar os fenômenos naturais do microcosmo através da Filosofia Cósmica. Admite-se a ocorrência de uma expansão repentina, denominada "inflação", que explica a origem do próprio universo. Entretanto a teoria quântica, que constitui o fundamento desse pensamento, ainda se acha em estado inicial, sendo necessário, portanto, investigar muito mais nessa área. Na verdade, quase nada sabemos sobre a formação da natureza!

Se a Grande Explosão ocorreu de fato, de onde teria vindo a matéria da Via Láctea em expansão? Essa questão poderia ser explicada pela teoria da geração espontânea (ver boxe), que é produto de pura especulação, desprovida de qualquer comprovação científica.

Os pesquisadores que se dedicam atualmente à investigação cósmica servem-se do telescópio orbital Hubble (ver boxe) e de satélites astronômicos de raios X para atingir os pontos mais distantes do universo. Entretanto, cada novo dado vem acompanhado de realidades inesperadas, de modo que, mesmo para se vislumbrar vagamente a imagem de todo o universo, será ainda necessário muito tempo.

Ao leitor poderão parecer desnecessárias considerações adicionais sobre a origem do universo. Entretanto, quanto mais se pesquisa acerca dos acontecimentos sobre as mudanças pretéritas ocorridas na Terra, mais se percebe que não somente o planeta, mas também os seres vivos e os paleoambientes da Terra foram fortemente influenciados pelo universo.

Teoria da geração espontânea

Nos Estados Unidos, essa teoria é conhecida como "teoria do almoço grátis". Ela tem origem na chamada "teoria da origem do universo a partir do nada", do russo Alexander Billenken. As discussões do físico inglês Stephen Hawking sobre as condições-limite sem-limites são da mesma natureza. Futuramente, com o maior avanço da Mecânica Quântica, essa teoria deverá voltar à discussão, juntamente com o problema da origem do próprio espaço em expansão (teoria quântica universal).

Pode-se concluir que, para se saber por que e como o planeta Terra surgiu no universo, é necessário desvendar a origem do próprio universo! Como teria se formado o universo, que contém o mundo atual? Infelizmente, essa questão ainda não foi definitivamente esclarecida.

Telescópio espacial Hubble

Devido às oscilações da atmosfera, o poder de resolução dos telescópios terrestres não vai além de um certo limite. Para solucionar essa questão, em 1990, a Nasa colocou em órbita ao redor da Terra o telescópio Hubble. Em dezembro de 1993, uma missão especial viajou até o telescópio para fazer alguns reparos e ajustes. Desde então, ele tem funcionado na observação de corpos celestes pouco luminosos e muito distantes, além de explorar planetas fora do Sistema Solar.

Origem do planeta Terra: um "feliz sobrevivente"

Acredita-se que o universo tenha se originado há cerca de 13 bilhões de anos e que ainda continue em expansão! Por outro lado, a Terra deve ter sido formada com o Sistema Solar, há aproximadamente 4,6 bilhões de anos (Fig. 1-1).

Tendo no centro o Sol, nebulosas gasosas se condensaram e deram origem a planetas de vários tamanhos. Os planetas relativamente pequenos, como a Terra, continuaram colidindo e incorporando planetas menores, desenvolvendo planetas cada vez maiores. Existe a teoria de que a Lua, que gira em torno da Terra, teria se originado do choque entre pequenos planetas (do tamanho de Marte), há cerca de 4,5 bilhões de anos.

Ao girar em torno da Terra, a Lua produz, pelo efeito de sua força gravitacional, o fenômeno das marés nos oceanos do nosso planeta. Como será visto mais tarde, as marés enchente e vazante imprimem nos organismos marinhos o ritmo da vida. Além de influenciar nas camadas superficiais da Terra, a maré interfere também sobre as mudanças globais do nosso planeta. Finalmente, pode-se pensar até que a Lua funcione também como escudo, protegendo a Terra contra o impacto de muitos meteoritos.

Se o corpo celeste que deu origem à Lua fosse um pouco maior, é provável que a Terra tivesse desaparecido, pois acredita-se que, quando os planetas ainda estavam em formação, colidiam mutuamente com frequência 100 milhões de vezes superior à atual. As colisões interplanetárias da época eram numerosas e envolviam a própria sobrevivência. Nessa incrível e dura batalha, por um feliz acaso, a Terra "sobreviveu".

Toda vez que a Terra incorporava pequenos planetas e meteoritos, a energia de colisão se convertia em calor, com centenas de graus, e sua superfície se transformava num "mar de magma". Essa situação de verdadeira bola de fogo corresponde à imagem da Terra em seus primórdios. Há cerca de 4,3 bilhões de anos, entretanto, ocorreu um resfriamento, com a consequente transformação do vapor em água líquida, que originou um oceano primitivo. Assim, o nosso planeta foi recoberto por uma capa relativamente delgada de água, cuja espessura média chegava a 4 km. Nessa época, os continentes ainda não existiam.

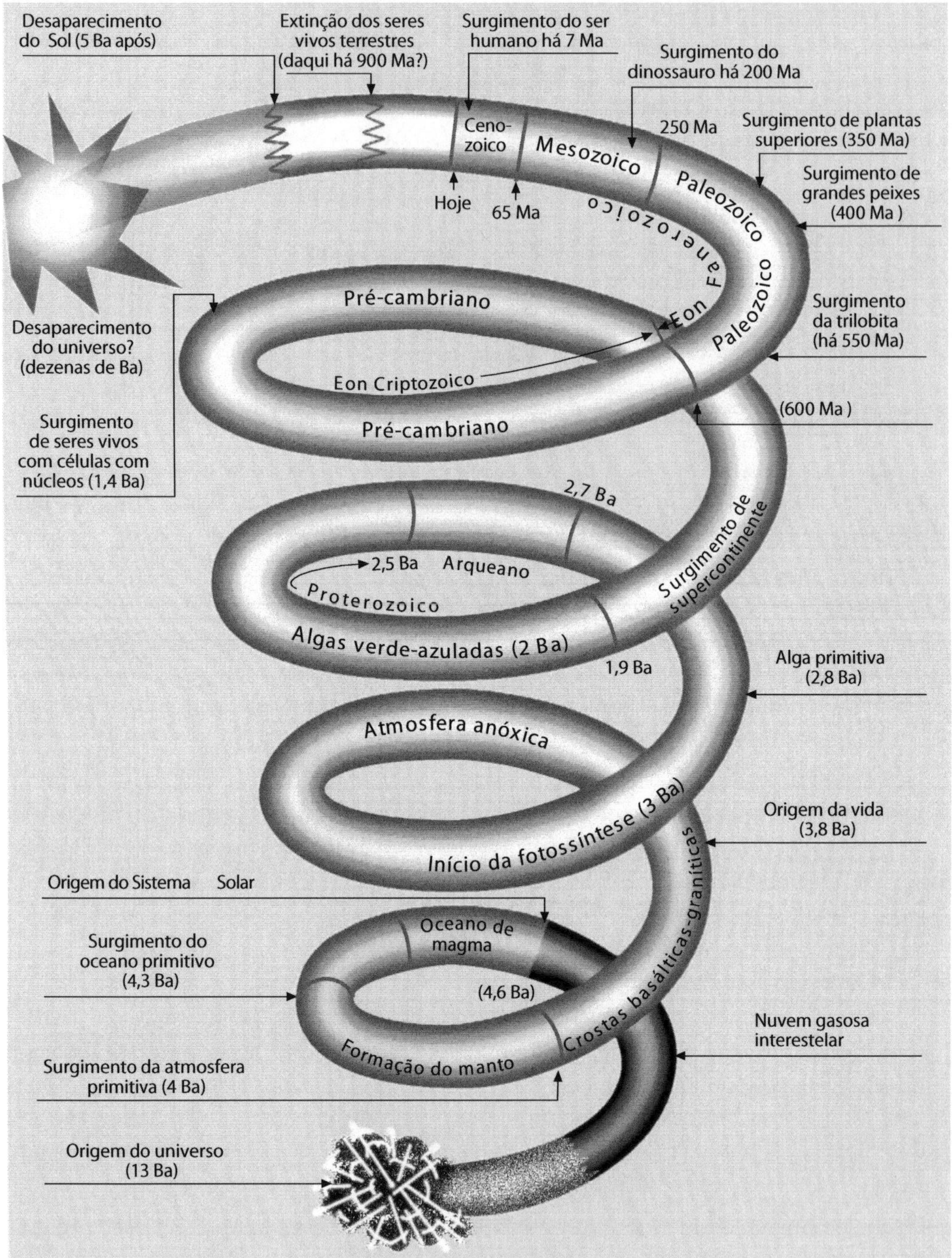

FIGURA 1-1 A espiral histórica da Geologia. Observar que o universo e a Terra são muito antigos, originados respectivamente há 13 e 4,6 Ba (bilhões de anos). A origem da vida é também muito antiga, estimada em 3,8 Ba. Entretanto a história do ser humano mais primitivo remonta a "apenas" 3 a 7 Ma (milhões de anos). E, finalmente, o ser humano mais "moderno", com alguns milhares de anos, isto é, no máximo 10 mil anos, quando teve início a domesticação de animais e plantas, com a vida mais sedentária que nômade.

É possível que em Marte, o planeta mais próximo do nosso, também tenha existido um oceano primitivo. Entretanto ele pode ter sido extinto pela ausência de uma força gravitacional suficiente para seu "aprisionamento". Em Vênus, que também se situa próximo ao Sol, as altas temperaturas devem ter provocado a evaporação de toda a água do oceano primitivo.

Como se vê, a existência desse oceano primitivo representa uma diferença decisiva entre a Terra e os outros planetas mais próximos.

O resfriamento do magma teria levado à formação de basalto. Quando essa rocha foi submetida a uma nova fusão, a grandes profundidades (algumas dezenas de quilômetros abaixo da superfície), a água do mar teria sido incorporada, dando origem ao granito. O granito não teria se formado na ausência de água. Até o momento, a existência dessa rocha só foi confirmada no nosso planeta (Fig. 1-2).

FIGURA 1-2 A água e o granito constituem materiais essenciais e muito peculiares da Terra. Embora o nosso planeta apresente uma grande variedade de rochas, são poucas as mais abundantes em sua composição.

Além disso, como um possível mecanismo de condução do basalto e da água do mar até grandes profundidades subterrâneas, foi idealizada a "teoria da tectônica de placas". Parece lícito supor que esse mecanismo geológico, que será mais discutido e explicado no Cap. 3, já estaria ativo há 4 bilhões de anos. O granito assim formado, que exibe densidade menor que a do basalto, emergiu até a superfície para originar os continentes rodeados pelos oceanos.

Oceano, atmosfera, Lua, origem e evolução da vida

Concomitantemente à origem do oceano primitivo, há cerca de 4,3 bilhões de anos, teria se iniciado a formação de uma atmosfera primitiva. Hoje a atmosfera é composta, em média, por 76% de nitrogênio (N_2), 21% de oxigênio (O_2), 1% de argônio (Ar) e o resto por outros componentes, como vapor de água. Mas a atmosfera primitiva era composta essencialmente de gás carbônico (CO_2) e vapor de água (H_2O).

Com a formação do oceano, da atmosfera e dos continentes, a Terra adquiriu as condições necessárias para dar origem à vida, que, naturalmente, surgiu nos oceanos. Imagina-se que microorganismos primitivos (bactérias), que vivem na presença de sulfeto de hidrogênio (H_2S) dissolvido na água do mar, teriam aparecido há aproximadamente 3,8 bilhões de anos.

Acredita-se também que a Lua tenha desempenhado um importante papel na origem dessa vida. Na época, a Lua encontrava-se muito mais próxima da Terra que hoje e, portanto, as amplitudes de maré eram bem maiores. A força gravitacional envolvida teria atuado na aglutinação de moléculas orgânicas componentes dos seres vivos, que se achavam completamente dispersas. A origem da vida foi, em parte, favorecida pelos movimentos rítmicos ditados pela maré lunar.

Os seres vivos capazes de promover a fotossíntese usando como matéria-prima o gás carbônico tiveram condições de surgimento somente há 3 bilhões de anos. Há 2,8 bilhões de anos apareceu a alga primitiva (proto-alga). Também nessa época, em função da dinâmica do planeta, estabeleceram-se ativas correntes de convecção no interior da Terra, que teriam levado, há 1,9 bilhão de anos, à aglutinação de vários continentes, originando um único supercontinente.

O intervalo de tempo geológico de surgimento da atmosfera e do oceano primitivos, que ensejaram o aparecimento dos primeiros seres vivos, entre 4 e 2,5 bilhões de anos, é comumente denominado de Arqueano ou Arqueozoico. O tempo geológico posterior, entre 2,5 bilhões de anos e 600 milhões de anos, quando o oxigênio tornou-se abundante na atmosfera e surgiram os seres vivos celulares, é denominado de Proterozoico (Fig. 1-1).

Durante o tempo geológico subsequente, denominado Era Paleozoica, o conteúdo de oxigênio no ar chegou a 10%. Finalmente surgiram os primeiros animais marinhos que consumiam oxigênio. No início da Era Paleozoica, há cerca de 550 milhões de anos, teria ocorrido, também, uma "grande explosão" na evolução dos seres vivos. Apareceram as formas primitivas da vida moderna, incluindo a trilobita e outros seres, representados por mais de 10 mil espécies.

> **O fim do nosso campo magnético**
>
> Dois pesquisadores anunciaram em 1983 que a força (intensidade) do campo magnético terrestre estaria diminuindo a cada ano. Nos últimos 100 anos, segundo eles, o decréscimo foi da ordem de 5% e, caso essa taxa persista, em cerca de 1.500 anos estará reduzida a zero.

Em meados da Era Paleozoica, passados 300 a 400 milhões de anos, surgiram os grandes peixes e as plantas terrestres. Por outro lado, no fim da Era Paleozoica teria ocorrido a propagação de plantas terrestres superiores, como as cicadáceas. O conteúdo de oxigênio atmosférico teria aumentado de modo acentuado e a camada de ozônio, que bloqueia os raios ultravioleta, teria começado a movimentar-se ativamente, surgindo formas primitivas de animais vertebrados sobre os continentes. A porção superior da Era Mesozoica, entre 250 e 65 milhões de anos, compreende os períodos Jurássico e Cretáceo. Esse foi o tempo geológico de maior desenvolvimento dos dinossauros.

Há várias explicações para a extinção dos dinossauros, no fim da Era Mesozoica. Uma das mais aceitas é a relacionada ao impacto de meteoritos. Pesquisas recentes mostram que, no Jurássico médio, o campo magnético terrestre estaria extremamente enfraquecido, fato que poderia ter intensificado a queda de meteoritos. Atualmente são frequentes as discussões sobre a possível influência da dinâmica crustal da época sobre esses acontecimentos.

Hoje, nota-se uma nova tendência de enfraquecimento do campo magnético terrestre. Em função da taxa de ocorrência desse fenômeno, poder-se-ia pensar que dentro de 1.500 anos (isto é, lá pelo ano 3500) ele esteja zerado (ver boxe). Mas nada pode ser confirmado sobre essa possibilidade, nem sobre a provável influência desse fenômeno nos seres vivos ou na dinâmica crustal.

O quase "milagroso" surgimento do homem

Em 1938, um programa radiofônico nos Estados Unidos "criou" e noticiou uma invasão de marcianos, provocando pânico na população. O episódio ficou famoso e mundialmente conhecido. Embora possam ter existido seres vivos muito primitivos em Marte, sabemos hoje que nesse planeta não vivem seres superiores como os supostos marcianos da ficção. Para encontrar seres superiores civilizados, como os seres humanos, seriam essenciais condições quase "milagrosas", como as existentes na Terra.

Subsequente à Era Mesozoica, temos a Era Cenozoica, que inicia há 65 milhões de anos e se estende até os nossos dias de hoje; é quando ocorre notável progresso na especialização de mamíferos. O aparecimento do antropoide de posição ereta, considerado como possível antepassado do ser humano, teria ocorrido, segundo ideias ainda há pouco vigentes, há cerca de 3 milhões de anos. Entretanto divulgou-se (revista Veja, 17 de julho de 2002) que, entre os restos de hominídeos mais antigos que

3 milhões de anos, podem ser citados os do *Australopithecus afarensis* (Etiópia e Tanzânia), do *Australopithecus anamensis* (Quênia), do *Ardipithecus ramidus* (Etiópia) e do *Orrorin tugenensis* (Quênia). Finalmente, em julho de 2002, teria sido descoberto na África central (Deserto de Djourab, no Chade) o crânio de um hominídeo com 7 milhões de anos. Esse seria o mais antigo ancestral do homem até agora encontrado.

Na realidade, cada novo fóssil descoberto pode descortinar variações inesperadas, com o surgimento de novas espécies de hominídeos! Se a história da Terra, de 4,6 bilhões de anos, fosse considerada como um filme cinematográfico de 60 min de duração, a história do ser humano resumir-se-ia a, aproximadamente, 2,2 s. Mesmo admitindo a idade de 7 milhões de anos do fóssil recém-descoberto, ela representaria pouco mais de 5 s. O fato de esse tão insignificante e recém-chegado ser humano poder contemplar a história da Terra é simplesmente maravilhoso! A própria existência do nosso planeta, caracterizado por condições extremamente favoráveis aos seres vivos, também representa uma conjunção de casualidades quase "milagrosas".

Antes de mais nada, o tamanho do Sol e sua distância da Terra parecem adequados. O tamanho do nosso planeta também pode ser considerado apropriado. A Terra apresenta temperatura superficial, bem como força de gravidade, que possibilita a manutenção de um grande volume de água. Além disso, essa água caracteriza-se por exibir a "misteriosa" propriedade de ter seu peso máximo a 4°C. Desse modo, a água de 4°C, de densidade máxima, submerge e o congelamento tem início a partir da superfície. Ao congelar, a água sofre uma expansão de cerca de 10% e, com isso, sua densidade diminui e o gelo flutua. Em consequência, os organismos subaquáticos podem sobreviver sob a capa de gelo em água líquida.

Durante a evolução dos seres vivos, a atmosfera terrestre teria se enriquecido cada vez mais de oxigênio, produzindo consequências que a diferenciam enormemente da atmosfera de outros planetas.

As condições necessárias para o surgimento de seres superiores, como o ser humano, teriam sido mais rigorosas, havendo a necessidade de formação dos continentes e da camada de ozônio. Além disso, para que ocorresse a evolução casual até a vida realmente inteligente, que possibilitasse a comunicação entre si e a formação da capacidade de criar e perpetuar a cultura, era essencial a existência de fonte energética de fácil manipulação.

Talvez seja até possível que, no imenso universo, existam vários outros planetas com seres vivos. Entretanto, pelo menos no Sistema Solar, a Terra parece ser o único planeta que reúne todas as condições necessárias. Segundo estimativas de alguns cientistas, mesmo entre os milhões de sistemas da Via Láctea com estrelas parecidas com o Sol, planetas semelhantes à Terra não passariam de 100.

A extinção do planeta Terra

Tudo o que tem um começo, necessariamente, um dia terá fim. Como os dias atuais são diferentes, sob vários aspectos, do passado, o futuro também deverá caracterizar-se por condições distintas das atuais e passadas.

Não se sabe como os seres humanos evoluirão daqui para frente. Entretanto, por mais de 2,5 bilhões de anos, os mares e montanhas foram transformados, areias e lamas foram depositadas e erupções vulcânicas e terremotos ocorreram na Terra. Esses fenômenos naturais deverão prosseguir por muitos milhões de anos ainda; porém nada nos autoriza a afirmar se esses processos continuarão ou não por mais 50 milhões de anos. Se os geólogos dispõem de meios para esclarecer os eventos pretéritos, o mesmo não acontece com o prognóstico de um futuro muito longínquo, quando confrontado com a efêmera vida humana!

Sabe-se que os elementos radioativos existentes no interior da Terra – como urânio, tório e potássio 40 –, que representam as mais importantes fontes de calor, devem certamente desaparecer. Desse modo, a energia geotérmica, que movimenta o seu interior, irá extinguir-se. O campo magnético terrestre também deixaria de existir. Nessa situação, raios cósmicos nocivos aos seres humanos e a outros seres vivos, atingirão incessantemente a superfície terrestre.

Por repetidas erupções vulcânicas, a água existente no interior da Terra será evaporada e decomposta, tornando-se gradualmente mais escassa. Após um longo intervalo de tempo, isso deverá interferir no volume de água dos rios e mares. Porém os dois temas atualmente preocupantes, relacionados à desertificação e ao esgotamento dos recursos hídricos, não estão diretamente ligados a essas mudanças geológicas. Mas a tendência de a água doce tornar-se cada vez mais escassa na Terra, principalmente pelo consumo e desperdício excessivos pelo homem, é por demais real.

As atividades geológicas pretéritas, bem como a evolução biológica, teriam prosseguido em função das constantes modificações cíclicas da superfície terrestre, cuja cessação poderia significar a "morte" do planeta.

Por outro lado, a vida terrestre que depende do calor do Sol também poderia ser dizimada. Daqui a 900 milhões de anos, a expansão do Sol poderá provocar o incremento do calor recebido pela Terra, atingindo cerca de 20% a mais que o atual. Nessa situação, os oceanos irão evaporar totalmente, o planeta inteiro será intemperizado e convertido em estrela sem vida. E, após mais 5 bilhões de anos, o Sol pode transformar-se em uma estrela gigante avermelhada, que engolirá a Terra. O próprio Sistema Solar desaparecerá.

Capítulo 2

Estrutura interna da Terra

Acredita-se que a causa das atividades dinâmicas do nosso planeta esteja oculta em seu interior. Entretanto as tecnologias atualmente disponíveis ainda não permitem uma observação direta das características internas da Terra. A seguir são apresentados os conhecimentos sobre sua estrutura interna, bem como as propriedades das camadas componentes.

Perfurações superprofundas

O progresso alcançado pelas técnicas de sensoriamento remoto tem proporcionado um grande avanço no conhecimento da superfície terrestre. Entretanto somente há pouco tempo tornou-se possível vislumbrarmos o interior do planeta.

Mas como é possível investigar o interior da Terra a partir da superfície? Seria muito bom se pudéssemos executar furos profundos em áreas continentais e submarinas para observação direta. Porém essa tecnologia esbarra no limite de possibilidades técnicas, pois não permite ir além de alguns milhares de metros.

Nas modernas perfurações petrolíferas, as sondagens mecânicas atingem profundidades consideráveis. Mas, em áreas emersas, não ultrapassam 8 a 10 km e, em campos petrolíferos submarinos, chegam a apenas 5 ou 6 km (ver boxe), em vista da dificuldade acrescentada pela lâmina de água dos oceanos.

Projetos envolvendo perfurações superprofundas, com objetivos essencialmente científicos, vêm sendo implementados por alguns países da Europa. A antiga União Soviética executava um projeto desse tipo na Península de Kola (próxima à articulação desta com a Península da Escandinávia). Iniciado em 1970, objetivava atingir 14 km de profundidade, mas foi interrompido, em 1990, após atingir 12.260 m; as rochas cada vez mais duras tornaram a perfuração muito dispendiosa. As rochas no local são compostas de anfibolitos e gnaisses com cerca de 3 bilhões de anos, formadores dos continentes. Desse modo, não foi possível perfurar profundamente nem mesmo as rochas “sob os nossos pés”.

Os mais profundos poços de prospecção petrolífera

O mais profundo poço de prospecção de petróleo e/ou gás natural, no mundo inteiro, de que se tem registro foi perfurado nos Estados Unidos, no estado do Oklahoma, na década de 70. Era uma sondagem em busca de gás e atingiu 9.583 m. No Japão, um poço estratigráfico perfurado na Província de Niigata chegou a 6.310 m.

A Alemanha também empreendeu uma perfuração superprofunda a partir de 1990. Tratava-se do Projeto KTB, que visava estudar a estrutura do embasamento rochoso do continente europeu. O furo foi interrompido em 10 de outubro de 1994, à profundidade 9.109 m, pelas mesmas razões que o da Península de Kola.

A tais profundidades, as rochas se tornam extremamente duras, podendo reduzir a velocidade de perfuração à irrisória marca de 1 cm/dia. Além disso, a temperatura chega a ultrapassar os 200 °C e os instrumentos de medição também ficam mais sujeitos a danos. Portanto a observação direta das rochas mais profundas do interior da Terra é, no momento, praticamente impossível.

Sendo o raio da Terra (metade do diâmetro) de 6.400 km, mesmo uma perfuração de 14 km não passa de um "arranhão superficial", muito longe portanto de oferecer um acesso ao interior da Terra.

Como sempre haverá um limite nas profundidades dos poços, hoje em dia são executadas várias perfurações relativamente rasas, pelas quais se tenta obter as informações. Entre esses projetos internacionais temos o Projeto de Perfuração Submarina Profunda (sigla em inglês: DSDP) e o Projeto de Perfuração Oceânica (sigla correspondente, ODP) (ver boxes).

Perfurações profundas têm sido executadas não apenas para pesquisar a estrutura interna da Terra, mas também para investigar as possibilidades de formação de petróleo e/ou gás natural nessas profundidades. Uma perfuração ligada ao Projeto de Perfuração Profunda (DDP, em inglês) foi iniciada na Suécia, em julho de 1986, em um astroblema de 360 milhões de anos (ver boxe). Um astroblema é a "marca" impressa na superfície do planeta, em geral na forma de cratera preenchida, pelo impacto de um meteorito.

O terreno que originou o astroblema compõe-se de granito, que é uma rocha isenta de matéria orgânica, portanto sem relação natural com petróleo e/ou gás natural. Assim, se esses materiais ocorressem nas rochas locais, ficaria comprovada a possibilidade de sua formação em ausência de matéria orgânica,

Perfurações submarinas profundas

O DSDP e o ODP são projetos internacionais, iniciados sob a liderança dos Estados Unidos e com participação de vários países, com vistas ao estudo científico de regiões submarinas profundas. No início dos anos 2000, relatos davam conta de que alguns desses furos teriam ultrapassado a crosta oceânica e atingido o manto superior. As perfurações continuavam em várias áreas com resultados muito diversos.

Projeto Científico de Perfuração Continental Profunda

Esse é um projeto análogo ao DSDP e ao ODP, mas em área continental. Seu objetivo é pesquisar fenômenos de vulcanismos e terremotos, além do mecanismo de movimentação das placas. O Japão participa desse projeto. As perfurações em áreas terrestres de vários países, inclusive no Japão, foram iniciadas em 1996.

o que seria uma grande descoberta!

A escolha do local deveu-se não somente à presença do granito, mas também à possível presença de rocha muito fraturada, que funcionaria como armazenadora de eventuais hidrocarbonetos gerados pelo impacto. A sondagem enfrentou muitas dificuldades e acabou interrompida, a 6.337 m de profundidade, em setembro de 1987. Infelizmente nenhum indício de petróleo e/ou gás natural foi encontrado.

Interpretação de ondas sísmicas

Um dos métodos mais eficientes na investigação interna da Terra consiste na interpretação de registros de ondas sísmicas relacionadas a terremotos, que ocorrem em vários pontos do planeta. Os métodos gravimétricos ou magnetométricos são eficientes até cerca de 100 km; os dados de profundidades maiores, até aproximadamente 600 km, são obtidos por ondas sísmicas.

Durante um terremoto, as vibrações verticais são precursoras das vibrações horizontais; quanto menor for o intervalo entre esses abalos, mais superficial será o hipocentro. As ondas sísmicas podem ser verticais (ondas P) e horizontais (ondas S), e sua velocidade de propagação difere conforme o tipo e a dureza das rochas. Ao se propagar através das rochas, as ondas podem sofrer reflexão ou refração; além disso, enquanto as ondas verticais são transmitidas através de quaisquer materiais, as horizontais são absorvidas pelos fluidos.

O emprego dessas propriedades das ondas sísmicas permite estudos a até 10 mil km de distância. Podemos, portanto, utilizar as ondas sísmicas de terremotos produzidos no outro lado da Terra para inferir dados sobre sua estrutura interna. Na pesquisa petrolífera, as prospecções sísmicas também são importantes e, nesse caso, os abalos são produzidos artificialmente pela detonação de explosivos. Estudando as ondas refletidas e refratadas é possível deduzir a existência ou não de prováveis trapas (armadilhas) petrolíferas até cerca de 10 km de profundidade.

Projeto de Perfuração Profunda (DDP)

Empreendimento executado na Suécia, baseado na hipótese do dr. Thomas Gold (Universidade de Cornell, Estados Unidos) sobre a possível origem do petróleo e/ou gás natural no interior da Terra. A perfuração visava atingir quatro camadas, eventualmente contendo petróleo e/ou gás natural. O trabalho foi iniciado em julho de 1986 e prosseguiu até setembro de 1987, mas teve de ser interrompido a 6.337m de profundidade, após atravessar três camadas.

Origem da dinâmica terrestre: crosta, manto e núcleo

O primitivo planeta Terra pode ser visualizado como um corpo celeste remanescente da origem do Sol. Ele teria sofrido repetidas colisões com corpos menores e, servindo-se de sua própria força gravitacional, teria agregado outros planetas menores adjacentes, reunindo assim os diversos elementos químicos componentes desses astros.

No interior da Terra, as diferenças entre algumas propriedades físicas, como temperatura, pressão e densidade, dão origem a diversas camadas (Fig. 2-1). No centro temos o núcleo, onde podem ser reconhecidos o núcleo externo e o núcleo interno (ver boxe).

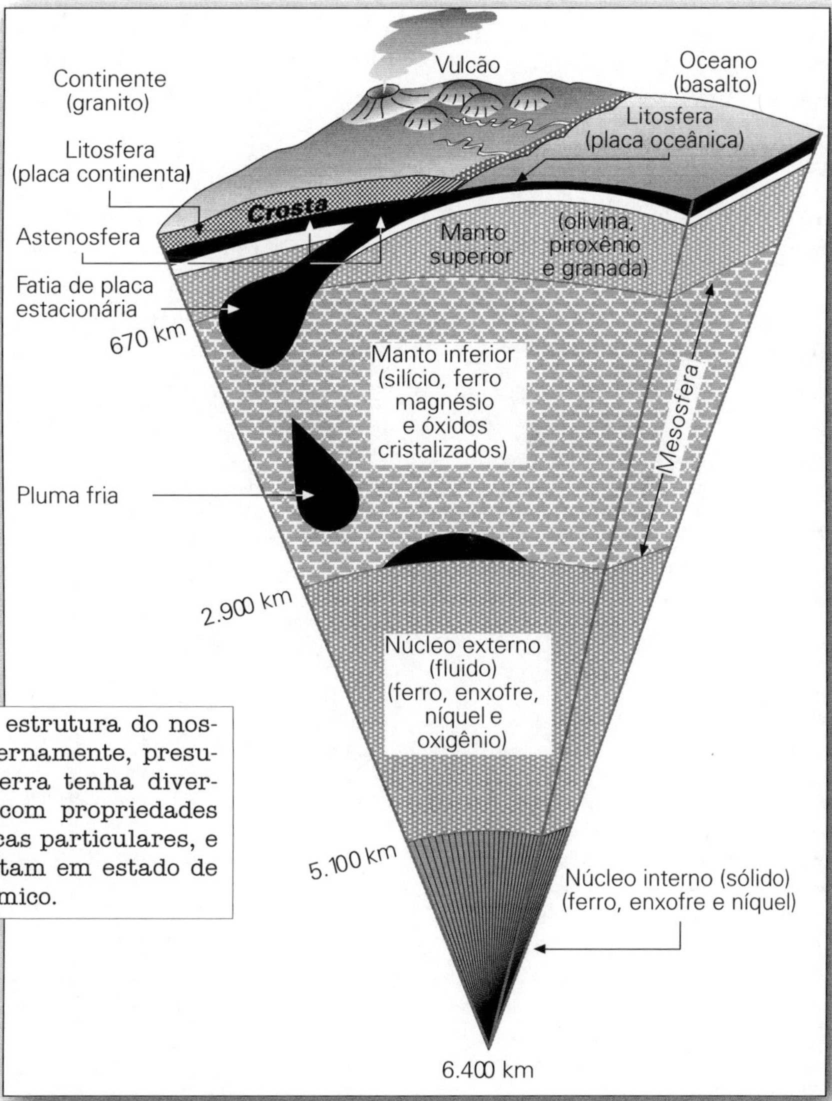

FIGURA 2-1 A estrutura do nosso planeta. Internamente, presume-se que a Terra tenha diversas camadas, com propriedades físicas e químicas particulares, e que se apresentam em estado de equilíbrio dinâmico.

Núcleo interno e núcleo externo

O núcleo interno é sólido e tem um raio de cerca de 1.300 km, formando uma bola de ferro no centro da Terra. A massa do núcleo interno corresponde a 1/30 de todo o núcleo. Estima-se que sofreu um resfriamento de cerca de 300°C em 4,6 bilhões de anos. Teria havido segregação do ferro a partir do fluido e, por questões de densidade, no centro formou-se o núcleo interno. O núcleo externo apresenta-se em estado fluido e possuiria um raio de 3.500 km. A massa do núcleo externo representaria cerca de 1/30 de toda a Terra.

O *núcleo interno* encontra-se a 5.100 km de profundidade, sendo formado por compostos metálicos de ferro, níquel e enxofre. Apesar da altíssima temperatura (ultrapassaria os 5.000 °C), permanece em estado sólido em função também da altíssima pressão, que chega a 3 milhões de atmosferas. Sua densidade é de 13 g/cm^3. Entre os elementos químicos abundantes na crosta que poderiam explicar tal densidade, temos o ferro, daí acreditar-se que o núcleo interno seja composto essencialmente desse metal. Embora em geral os pesos específicos do ferro e do níquel sejam de 7 a 8, a pressão extremamente alta faz com que a densidade também seja muito mais alta.

O *núcleo externo* situa-se entre as profundidades de 2.900 e 5.100 km. Embora seus materiais componentes sejam quase iguais aos do núcleo interno, ele contém também cerca de 10% de oxigênio. A consistência não corresponde à de um sólido, mas exibe condições de um fluido macio que, nas profundezas da Terra, apresentaria lentas correntes de convecção. As temperaturas atingiriam 3.500 °C nas porções mais rasas, mas chegariam a 4.000°C em maiores profundidades, representando verdadeiras "fornalhas naturais". Naturalmente as pressões são inferiores às do núcleo interno e a densidade média estaria em torno de 10 g/cm^3.

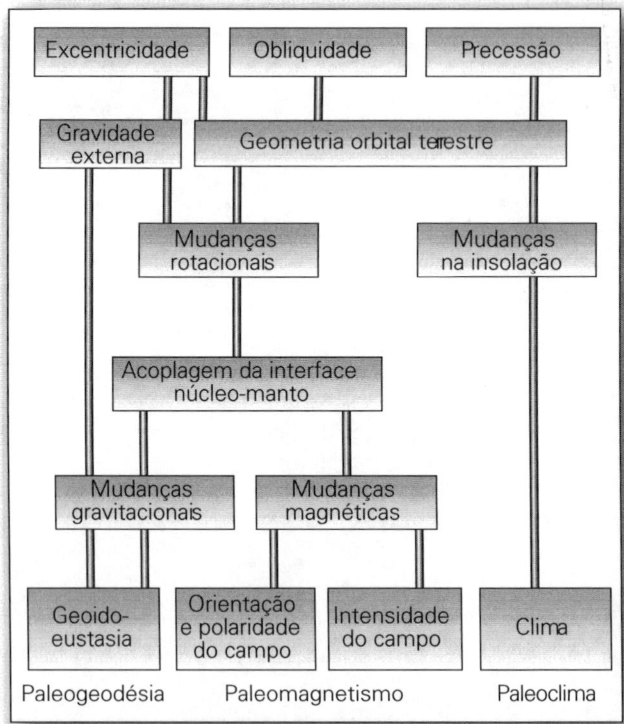

FIGURA 2-2 Efeitos múltiplos das variáveis de Milankovitch sobre a Terra (Mörner, 1981). Através do tempo geológico, essas variáveis devem ter afetado a paleogeodésia e o paleomagnetismo, que, por sua vez, interferiram indiretamente no paleoclima.

O núcleo de outros planetas

A densidade de Marte é muito baixa; portanto, mesmo que ele tenha um núcleo, acredita-se que seja muito pequeno. O planeta é desprovido de campo magnético e, por ser pequeno, deve ter sofrido um rápido resfriamento; provavelmente tem um núcleo sólido.

Mercúrio apresenta densidade semelhante à da Terra e, desse modo, seu núcleo deve ser muito grande. Como possui campo magnético fraco, acredita-se que na superfície do núcleo reste uma delgada camada de fluido.

Vênus possui tamanho e densidade média semelhantes aos da Terra e acredita-se que seu núcleo seja também semelhante ao da Terra. Não exibe campo magnético e, desse modo, provavelmente o núcleo é sólido.

Pesquisas modernas indicam que as correntes de convecção dão origem ao campo magnético terrestre, influindo substancialmente nas atividades vulcânicas e até no clima. As atividades vulcânicas, ao introduzir materiais em suspensão na alta atmosfera, provocam variações na transmissividade da radiação solar efetiva, ocasionando alterações na temperatura. Por outro lado, variações no campo magnético terrestre reduzem ou aumentam o efeito de blindagem à ação dos raios cósmicos (Fig. 2-2). Portanto a existência do núcleo poderia ser encarada como um fato que explica as atividades do nosso planeta (ver boxe).

Por outro lado, e quanto à Lua? Acredita-se que seu núcleo seja bem diferente do núcleo da Terra, pois a Lua não possui um campo magnético tão forte quanto o do nosso planeta. Embora a Lua e a Terra tenham se originado na mesma época, a história da Lua parece ter sido outra. Há cerca de 4,5 bilhões de anos, por ocasião da “grande colisão de planetas” (ver boxe), o núcleo do planeta menor (Lua) deve ter sido parcialmente absorvido pelo do planeta maior (Terra). Desse modo, só a porção remanescente teria originado o satélite, hoje representado pela Lua. Isso significa que há 4,5 bilhões de anos, a Lua teria perdido grande parte de seu núcleo (“alma”), transformando-se numa estrela morta.

Entre o núcleo (interno e externo) e a crosta — mais diretamente relacionada ao ser humano —, existe o manto (ver boxe), que representa 80% do volume da Terra. No manto também podemos reconhecer, pelas diferenças de suas propriedades, o superior e o inferior. O manto inferior, também chamado de mesosfera, situa-se entre 670 e 2.900 km de profundidade. Compõe-se de cristais de óxidos de silício, ferro e magnésio e apresenta-se como que flutuando sobre o fluido viscoso do núcleo externo. A densidade é de cerca de 7 g/cm^3.

Hipótese da grande colisão de planetas

Esse modelo explicaria totalmente a origem da Lua e foi defendido por astrofísicos como os doutores Hartman e Cameron. Acredita-se que a Lua tenha se originado da colisão de um corpo celeste do tamanho de Marte com o primitivo planeta Terra. Logo após a colisão, a temperatura absoluta da Terra se elevou acima dos 10.000 °C. As camadas superficiais da Terra foram então ocupadas por um “oceano de magma” até cerca de 1.000 km. Como a pressão interna era superior a 150 mil atmosferas, houve formação de olivina e não de plagioclásio (feldspato).

FIGURA 2-3 Comportamento do manto. Essa camada da Terra começa na base da litosfera ou crosta (a poucas dezenas de quilômetros, no máximo) e vai até 2.900 km de profundidade. Seu estado físico é o de um fluido muito viscoso, que confere ao planeta propriedades físicas muito peculiares.

Embora o manto inferior seja sólido, estranhamente exibe também características de fluido. Desse modo, se algo pesado for colocado sobre a superfície da Terra por um tempo suficientemente longo, o peso será transmitido ao manto, formando uma depressão. Segundo medições realizadas, as alterações no peso da calota glacial da Groenlândia, por exemplo, têm causado deformações no manto. Se ele fosse essencialmente sólido, não deveria haver deformação; mas ao longo do tempo o manto (ver boxe) comporta-se como um fluido de altíssima viscosidade (Fig. 2-3). O manto inferior, que apresenta essa propriedade, deforma-se com uma velocidade de alguns centímetros por ano, influindo diretamente na atividade vulcânica e na tectônica de placas, que se desenvolvem no manto superior.

Manto

Abaixo da placa litosférica, até 670 km de profundidade, temos o manto superior e, abaixo deste, até 2.900 km, o manto inferior. No contato entre os dois mantos, ocorre uma descontinuidade, devido à variação de densidade. Falta esclarecer se as correntes de convecção do manto formam uma ou duas camadas. A densidade média do manto é de 5 g/cm^3.

Placa crustal: bloco continental que flutua sobre o manto

O manto superior tem a mesma composição do manto inferior, sendo, em termos mineralógicos, formado por olivina, piroxênio e granada. A 670 km de profundidade há um nítido limite com manto inferior. 0 manto superior apresenta uma porção mais "fluida", denominada astenosfera, que, tal como um fluido muito viscoso, exibe lentas correntes de convecção. Em termos de profundidade, situa-se entre 100 e 400 km. Sobrepondo-se à astenosfera temos o substrato rochoso que constitui a litosfera ou placa (ver boxe).

Comumente são designadas também por crostas continentais, porções da superfície formadas pelo acúmulo de depósitos em bacias sedimentares. Essas crostas possuem até 100 km de espessura. A espessura média da crosta é de 30 km sobre os continentes e de 5 km no fundo oceânico. O fato de a crosta continental — sobre a qual se desenvolve toda a vida do planeta — flutuar sobre a astenosfera fluida pode causar algum temor. Porém a velocidade de movimentação das placas sobre o manto é muito lenta, não ultrapassando 5 a 10 cm/ano.

Comportamento do manto

Os períodos das ondas sísmicas variam de 1 segundo a 1 hora e, dentro desse intervalo de tempo, a crosta terrestre e o manto comportam-se como corpos elásticos. Entretanto, sob influência de esforços mais moderados, o sólido comporta-se como fluido. Por exemplo, a Groenlândia está sofrendo deformação à velocidade de 1 cm/ano.

Em termos de composição mineralógica, a placa oceânica exibe muita diferença em relação à placa continental, sendo a primeira essencialmente basáltica e a segunda principalmente granítica. A placa basáltica, mais pesada, mergulha por sob a placa granítica, que é mais leve, mas permanecem ambas estacionárias por algum tempo (Fig. 2-3).

O Arquipélago Japonês situa-se no limite entre as placas da Eurásia e do Pacífico. Esta última, relativamente mais pesada, está sofrendo subducção. Esse fato explica a grande frequência de terremotos no Arquipélago Japonês, que acaba se constituindo num privilegiado local para se estudar o interior da Terra.

Mas para onde se movimentam as placas litosféricas, que flutuam sobre o manto?

Placas

Constituem algumas dezenas de corpos tabulares situados sobre a camada fluida do manto. Formam a estrutura chamada litosfera, que é composta pelo manto superior e pela crosta. As placas estendem-se até o limite superior da astenosfera, que é uma camada de baixa velocidade.

Capítulo 3

Dinâmica terrestre

O progresso nas técnicas de recepção das ondas elétricas provenientes dos quasares e também das medições por satélite possibilitou estabelecer com precisão o sentido e a velocidade de deslocamento dos continentes. Porém, até hoje, persistem controvérsias quanto à natureza dos mecanismos que produzem os movimentos continentais.

Na superfície terrestre, os continentes movem-se lateralmente. Modernas pesquisas descobriram que esse deslocamento é controlado pela propagação vertical do calor proveniente do núcleo. Naturalmente será necessário compreender mais os mecanismos de conversão de movimentos verticais em horizontais. O núcleo, além de promover a deriva continental e a expansão do fundo oceânico, origina o campo magnético terrestre; este, por sua vez, forma um escudo protetor contra a ação dos raios cósmicos, tornando possível a vida sobre o planeta. E, finalmente, registros de mudanças no campo magnético terrestre testemunham os movimentos crustais pretéritos.

A tectônica de placas e a "dança" dos continentes

Há 250 milhões de anos, no fim da Era Paleozoica, existia na Terra o supercontinente Pangeia, que era circundado pelo Oceano Pacífico. Há 200 milhões de anos esse supercontinente teria começado a se fragmentar em vários continentes, adquirindo, com o tempo, as configurações atuais. Essa teoria foi idealizada pelo meteorologista alemão Alfred Wegener. Ele concebeu a ideia de que os continentes seriam compostos por materiais mais leves que o fundo oceânico. Desse modo, os continentes estariam "flutuando" e migrariam sobre o fundo oceânico, tal como os icebergs.

Esse conceito, que mais tarde ficaria conhecido como "teoria da deriva continental", não foi suficientemente compreendido pelo meio científico da época. A Sociedade Norte-americana de Geólogos de Petróleo, por exemplo, ridicularizou Wegener, chamando-o de maluco. Ele tentou explicar a fragmentação dos continentes pela grande semelhança nos contornos continentais da América do Sul e da África ocidental, pelos fósseis comuns encontrados nesses continentes e pela distribuição de evidências de glaciações antigas (paleozoicas). Mesmo ignorado nos meios científicos, Wegener partiu para a Groenlândia a fim de realizar observações sobre as circunstâncias da separação da Europa, mas desapareceu sem deixar vestígios, em 1930.

As ideias de Wegener só começaram a ser mais bem compreendidas na década de 1960, com o avanço das investigações oceanográficas profundas. A constatação da existência da Cadeia Mesoceânica, no Oceano Atlântico, que representaria o limite da expansão de fundo, originou a "teoria de expansão do fundo oceânico". Foram também descobertas as fossas submarinas, onde se verifica o afundamento do substrato oceânico. Como consequência também se constatou que a superfície terrestre era composta por dezenas de placas. Verificou-se também que cada uma delas se deslocava em sentidos diferentes, com velocidades de alguns centímetros por ano. Pela conjunção das teorias da deriva continental e da expansão do fundo oceânico, foi concebida a "teoria da tectônica de placas" (ver boxe). As Figs. 3-1 e 3-2 ilustram como se processa o deslocamento das placas.

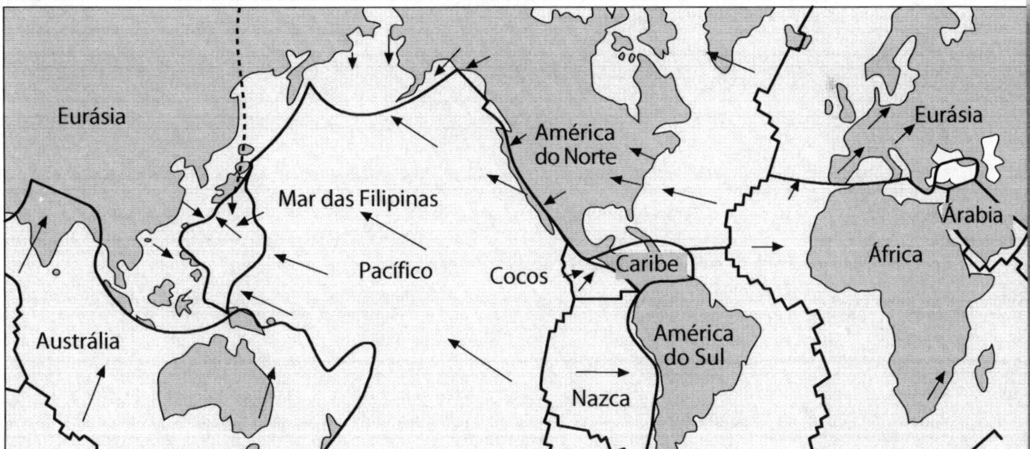

FIGURA 3-1 As placas tectônicas e os respectivos deslocamentos. A ilustração reproduz, de acordo com a teoria, os limites das principais placas litosféricas em movimento sobre a astenosfera. O comprimento das setas é proporcional à velocidade de deslocamento das placas.

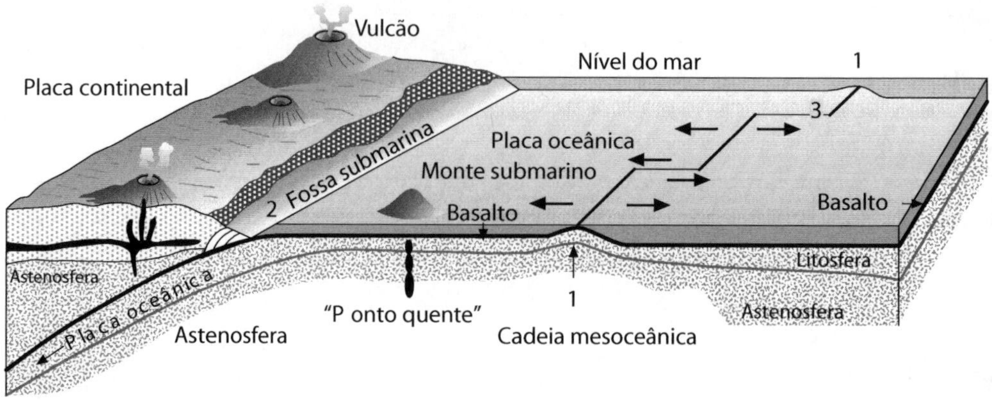

FIGURA 3-2 Esquema da teoria da tectônica de placas. Veem-se as zonas de divergência ou de afastamento (Cadeia Mesoceânica) e as zonas de convergência ou de aproximação (fossa submarina). As placas se deslocam com velocidades diferentes. (1) Limite de placas em afastamento; (2) limite de placas em mergulho; (3) limite de placas em deslocamento lateral.

Tectônica de placas

Atualmente, a superfície da Terra consiste em algumas dezenas de placas, com espessuras entre 60 e 100 km. Elas se movimentam, em sentidos diferentes, à velocidade de alguns centímetros por ano. O deslocamento simultâneo dessas placas é a causa da formação do relevo terrestre e da origem das montanhas (orogenia). As placas deslizam sobre a porção superior do manto — denominada astenosfera — e se manifesta através de afastamentos, de mergulhos (subducção) e de deslizamentos mútuos, dando origem às estruturas encontradas nas camadas superficiais da Terra. Em termos de geomorfologia submarina, as cadeias mesoceânicas são locais de formação de placas; os locais de mergulho das placas correspondem às fossas submarinas.

A geomorfologia submarina tem sido estudada com muita precisão pelo método da ecobatimetria e pela medição da altura das superfícies oceânicas por satélites artificiais. Esses métodos possibilitaram determinar a exata localização dos limites das placas que se deslocam horizontalmente, bem como as posições precisas das fossas submarinas e das cadeias mesoceânicas.

Nos continentes também foram descobertos sítios de fragmentação. Entre os mais conhecidos estão as fossas continentais da África oriental e da Islândia. O Mar Vermelho também se originou da separação entre África e da Península Arábica.

Por outro lado, existem locais onde, por colisão de duas placas continentais, uma delas mergulha sob a outra. Desse modo, a Índia, que se separou do Continente Antártico, colidiu com a Eurásia e está mergulhando por baixo desse continente. Esse fato causou o soerguimento de parte do fundo oceânico, causando o levantamento do Himalaia, com mais de 8.000 m de altitude.

O Japão não submergirá

O Arquipélago Japonês situa-se no limite das placas do Pacífico e da Eurásia. Existem também prováveis extensões do continente norte-americano (ver boxe), ao norte, e da placa do Mar das Filipinas, ao sul. Desse modo, verificam-se fenômenos de colisão, afastamento e deslizamento lateral de três placas, que mostram entre si relações muito complexas.

Por exemplo, a Península de Izu situa-se na extremidade da placa do Mar das Filipinas. De sua colisão com o Arquipélago Japonês teria surgido o Monte Fuji. A Fossa Magna, uma feição tectônica que corta o Japão de leste a oeste, é interpretada por alguns pesquisadores daquele país como um sítio de deslocamento lateral por colisão, entre as placas Eurasiana e Norte-americana. As diferenças de condições geológicas de um lado e de outro da Fossa Magna podem ser consideradas normais. Porém as diferenças na cultura japonesa a leste e a oeste, embora casuais, não deixam de ser curiosas.

O Mar do Japão representa um vestígio da separação entre o Arquipélago Japonês e a Eurásia há cerca de 20 milhões de anos. Atualmente esse mar vem se estreitando, comprimido pela Placa do Pacífico. O Arquipélago Japonês, que momentaneamente aproximou-se da América do Norte, está novamente avizinhando-se da Ásia.

Há algum tempo, foi publicado um livro de ficção científica denominado Submersão do Japão, que se tornou um sucesso de vendagem. O conteúdo é inteiramente irreal em relação aos fatos geológicos. O Arquipélago Japonês, que se distribui hoje por várias placas, daqui há 50 milhões de anos, estará dividido em quatro partes. Após 100 milhões de anos será absorvido pelo continente eurasiano. Decorridos mais 100 milhões de anos adicionais, nem será possível reconhecer a antiga posição do Japão (veja a citação bibliográfica 8).

O continente norte-americano também se movimenta rumo à porção oriental do continente eurasiano. Dentro de 200 milhões de anos o Oceano Pacifico deverá desaparecer e todos os continentes voltarão a formar um novo supercontinente. Hoje em dia, está confirmado que essas junções e separações ocorreram cinco vezes, desde o surgimento do primeiro supercontinente, há 1,9 bilhões de anos.

Extensão do continente norte-americano

O limite das placas da América do Norte e Eurasiana passa a leste da Rússia, através da Ilha Sakalina, e chega à Ilha Hokkaido (Japão), estendendo-se até a Fossa Magna (Japão). No momento, faltam comprovações dessa ideia.

Ilhas do Havaí: verdadeiros "furúnculos" da Terra

Os continentes seriam originados por subducção de uma placa sob outra. Acredita-se que o primeiro supercontinente, denominado Laurásia, teria uma área correspondente à soma dos atuais continentes norte-americano e eurasiano.

O Arquipélago Japonês também teria se originado por subducção da Placa do Pacífico e corresponde à parte que foi separada do continente. Já as ilhas do Havaí, mesmo constituindo um arquipélago, exibem diferentes aspectos. Entre as ilhas e montes submarinos, surgem a oeste as ilhas Mauí e Kauai, que formam a fila de ilhas vulcânicas do Havaí. Mais adiante, rumo ao sul, dispõem-se os montes submarinos do Imperador (Fig. 3-3).

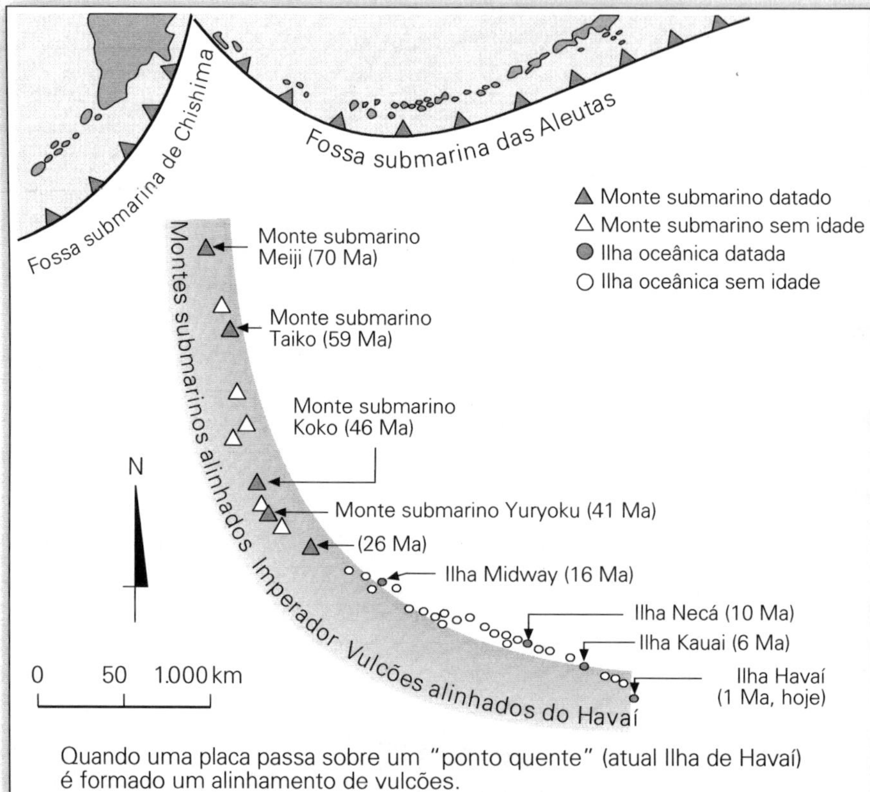

FIGURA 3-3 O alinhamento de vulcões no Havaí e o deslocamento das placas. Quando uma placa, em seu deslocamento, passa sobre um "ponto quente", vai formando um alinhamento de vulcões (esse ponto corresponderia, atualmente, à Ilha do Havaí). As idades decrescentes (de 70 Ma até hoje) e as distâncias dão uma ideia da velocidade de deslocamento da placa.

A ilha situada na extremidade leste é a mais jovem, pois foi formada há apenas 1 milhão de anos. O monte vulcânico mais ocidental, chamado Meiji, é o mais antigo, pois data de 70 milhões de anos. De todas elas, somente a Havaí apresenta erupção.

Essas ilhas e montes submarinos surgiram inicialmente a partir de um "ponto quente" (hot spot). Abaixo das placas, no manto, existe uma porção em forma de coluna, verdadeiras "chaminés" por onde fluem matérias a altíssimas temperaturas. Essa coluna corresponde ao ponto quente. A matéria incandescente que sobe pelo ponto quente constitui a pluma; esta pode atravessar a placa e extravasar na superfície, dando origem a um vulcão submarino, o qual, não raro, aparece acima da superfície do oceano. Essa é a situação da atual Ilha Havaí, que, por assim dizer, representa uma espécie de "furúnculo" (erupção) da Terra (Fig. 3-4).

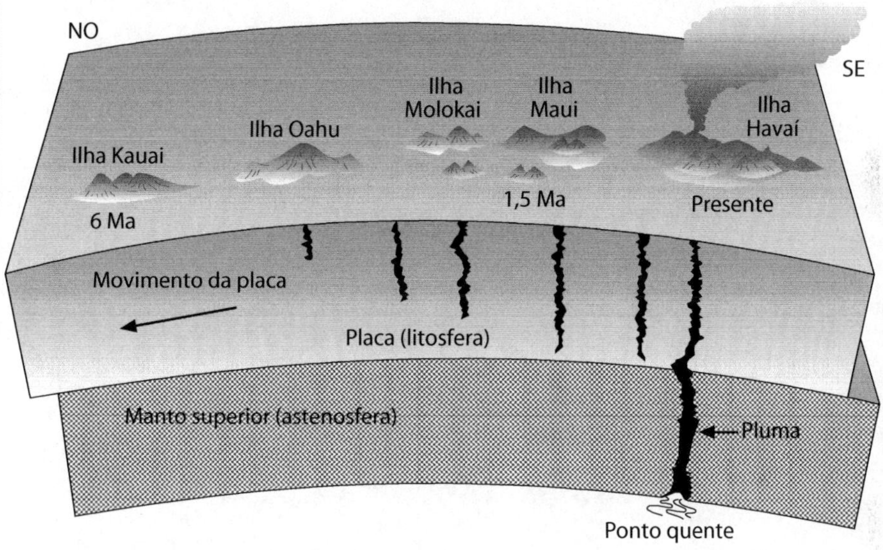

FIGURA 3-4 Formação de ilhas vulcânicas sobre um "ponto quente". Observar as idades crescentes desde a Ilha Havaí (hoje) até a Ilha Kauai (6 milhões de anos), no sentido do deslocamento da placa litosférica. [Fonte: *Continents in motion*, 1989.]

Se não houvesse movimentação das placas, esses arquipélagos vulcânicos não existiriam. Como a placa se move sobre o manto (astenosfera), o ponto quente localizado na atual Ilha Havaí teria originado uma ilha que, aos poucos, foi se deslocando para noroeste. Observando a distribuição das ilhas desse arquipélago, percebe-se que, entre 26 e 40 milhões de anos atrás, sua orientação era para o norte. Esse fato poderia ser explicado por uma mudança acentuada na direção de movimentação das placas; a época coincide com a colisão entre a Índia e o continente eurasiano. No Arquipélago Japonês, estaria relacionado à formação da Fossa Magna e à transformação na Península de Izu. Ocorreu também a formação do Mar do Japão. Essa época, portanto, representou um momento de transformações mundiais.

Mas o que causa a movimentação das placas? Além disso, para onde vai a placa que sofreu subducção? E que fator origina o ponto quente?

Tectônica de plumas: mecanismo que controla a dinâmica terrestre

Medidas de gradientes geotérmicos

Existe um método que permite obter informações sobre as partes internas do corpo humano, denominado tomografia de varredura computadorizada. Uma técnica análoga, chamada tomografia de ondas sísmicas, nos possibilita examinar o interior da Terra (ver boxe).

Tomografia de ondas sísmicas

Consiste na interpretação tridimensional da transmissão de ondas sísmicas P no interior de todo o manto da Terra. Os locais de velocidades anormalmente altas representariam materiais frios e sólidos, isto é, corresponderiam a placas e correntes descendentes ("plumas frias"). Por outro lado, os locais de velocidades anormalmente baixas seriam constituídos de materiais quentes e fluidos, isto é, corresponderiam a correntes ascendentes ("plumas quentes"). A visão tridimensional demonstra que a dinâmica do manto é controlada não pelas placas, como se pensava antigamente, mas sim por colunas de plumas. Esse método facilitou a distinção entre as feições tabulares e colunares.

Um grupo de pesquisadores da Universidade de Nagoia (Japão) despendeu 10 anos em atividades de pesquisa relacionadas à distribuição de temperaturas no interior da Terra. Ela se baseava nas diferenças de velocidade de propagação de ondas sísmicas P (vibração vertical) e obteve resultados interessantes (ver boxe).

A estrutura do manto parece não ser tão simples como se pensava anteriormente. Haveria colunas de matérias frias e quentes, distribuídas no seu interior. E, entre estas, existiriam gigantescas correntes ascendentes ("superplumas"), que, tal como nuvens em forma de cogumelo (cumulus nimbus), situar-se-íam abaixo das ilhas do Havaí, Taiti e na África oriental. Em contrapartida, teriam sido descobertas correntes descendentes ("plumas frias") que, em forma de gigantescas gotas (ver boxe), se localizariam sob a China e o continente sul-americano (Fig. 3-5; veja também a referência bibliográfica 7).

O destino das placas

Através da "tomografia de ondas sísmicas" podem-se detectar, não somente as estruturas do manto e as formas das plumas, mas também a forma, o tamanho e a localização da placa que sofreu subducção, mergulhando no manto, na fossa submarina. Desse modo, foi também esclarecido o destino da placa que mergulhou no manto. Sob o continente antártico verifica-se a presença de placas remanescentes, que sofreram subducção entre 500 milhões e 100 milhões de anos atrás.

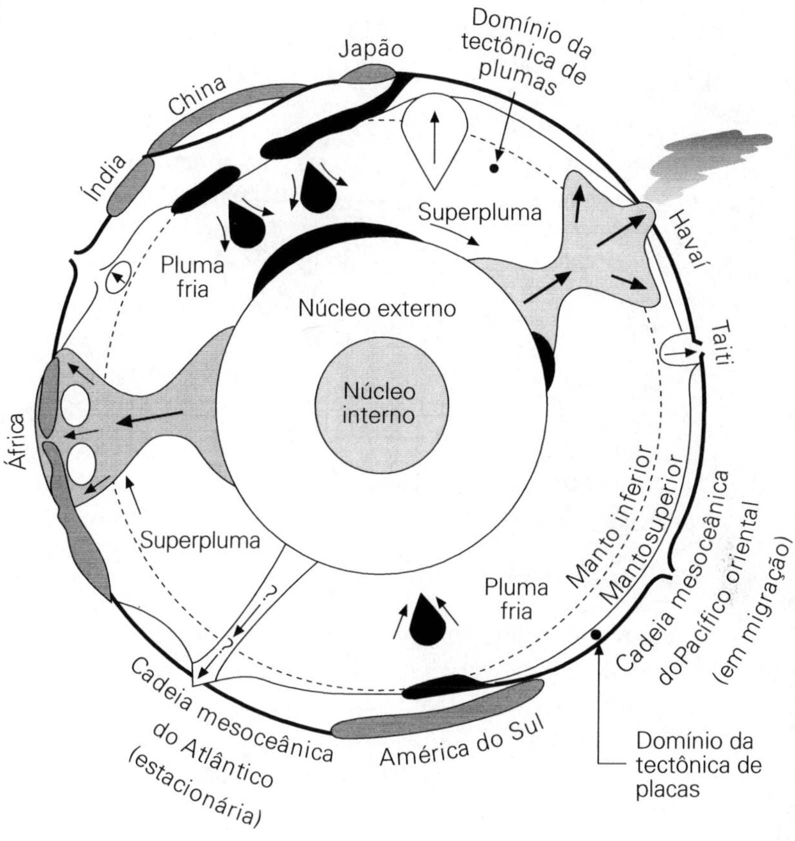

FIGURA 3-5 Tectônica de plumas. Através dos conceitos da tectônica de placas e da tectônica de plumas, a geotectônica global explica adequadamente a intensa atividade sísmica e vulcânica no Japão e sua ausência quase total no Brasil. [Fonte: elaborado a partir de S. Maruyama, 1993.]

Já foi mencionado que, há 200 milhões de anos, o supercontinente Pangeia teria sofrido desintegração. Na atualidade, todos os continentes estariam novamente migrando rumo ao continente eurasiano. As superplumas e as plumas frias parecem ter forte ligação com essas junções e separações dos continentes. Além disso, interfeririam no clima da Terra, conforme sugerem pesquisas mais recentes.

A superpluma da África teria atuado na separação dos continentes sul-americano e africano. A superpluma do Pacífico (ver boxe) teria originado o oceano homônimo. Além disso, hoje em dia, os pontos quentes que romperam a placa oceânica teriam formado as ilhas Havaí e Taiti.

Relação entre a tectônica de placas e a tectônica de plumas

Por praticamente todo o interior do manto existem materiais submetidos a migração por correntes de convecção de superplumas e plumas frias. Em locais como o Havaí e a Islândia não ocorre placa, pois os "pontos quentes" chegam até a superfície. Desse modo, podemos reconhecer domínios de tectônica de placas e de tectônica de plumas. No Oceano Atlântico não ocorrem fossas submarinas, portanto não existem locais de tração de placas. A posição da Cadeia Mesoceânica em relação às partes mais profundas do manto não se alterou durante cerca de 200 milhões de anos. Por outro lado, no caso do Oceano Pacífico, devido à influência da placa que mergulha por subducção, ocorre migração. Com a formação da fossa submarina, a tectônica de placas diferencia-se da tectônica de plumas.

A verdadeira natureza das correntes de convecção do manto

Como se originariam as superplumas e as plumas frias? Para entender isso, é necessário relembrar a teoria da deriva das placas. As placas migram "cavalgando" as correntes de convecção do manto. Por exemplo, a placa do Pacífico, que sofre subducção sob o continente eurasiano, deve afundar gradualmente em função do próprio peso.

A extremidade frontal da placa, que mergulhou sob o manto superior, sofre metamorfismo térmico. O basalto se transforma em rocha metamórfica mais densa – denominada eclogito –, que faria a placa mergulhar ainda mais, localizando-se entre o manto superior e o inferior. Essa situação recebe o nome de placa estacionária ou "fatia" estacionária (ver boxe). Após algum tempo de estabilização, tem início o afundamento no manto inferior. Os locais em que atualmente se verifica esse afundamento situam-se na China e na América do Sul, que são sítios ocupados por plumas frias.

A superpluma do Oceano Pacífico

A "raiz" dessa superpluma possui um diâmetro com cerca de 4.000 km e estaria localizada no limite entre o manto e o núcleo. À medida que ascende, o diâmetro diminui (até cerca de 1.500 km) para, em seguida, expandir-se novamente, adquirindo então a forma de um cogumelo (ou taça de vinho).

Pelo afundamento da placa, os continentes da Terra, tal como se fossem sugados para um buraco negro, migram e unem-se para formar um supercontinente.

A pluma fria desce pelo manto inferior, na forma de gota, e atinge a superfície do núcleo externo. O repentino resfriamento da superfície do núcleo externo origina uma corrente de convecção interna; a transferência de

Placa ou "fatia" estacionária

A fatia que mergulha não consegue penetrar no manto inferior se mantém a forma original. Desse modo, torna-se momentaneamente estacionária no limite entre os manto superior e o inferior. Com o incremento de massa do material estacionário, a configuração muda para a forma de gota e, ao ultrapassar certo volume, mergulha no manto inferior.

calor origina a corrente de convecção do manto. Ao receber o calor do núcleo externo, a parte do manto que ascende forma a superpluma.

A superpluma da África surgiu há cerca de 200 milhões de anos e deu origem ao Oceano Atlântico. Acredita-se também que ela tenha participado na formação do Oceano Índico, iniciada há 100 milhões de anos (Fig. 3-6). Analogamente, a superpluma do Pacífico formou-se entre 600 e 700 milhões de anos atrás. Ela estaria relacionada à fragmentação do supercontinente de Gondwana, ocasião em que se originou o Oceano Pacifico (ver boxe).

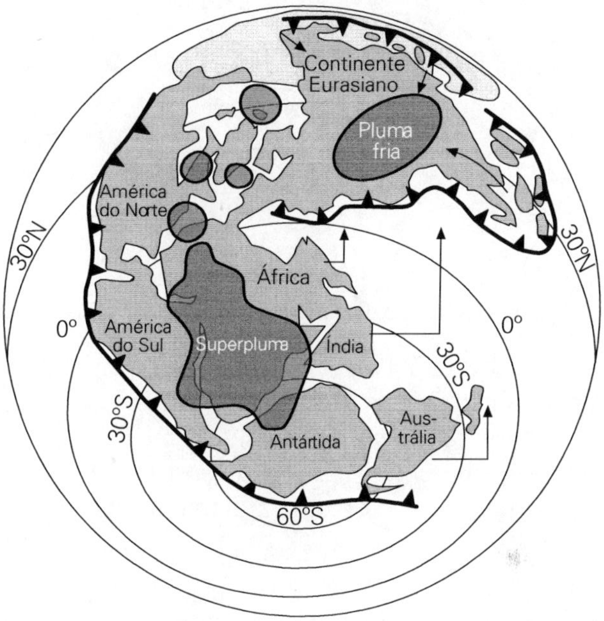

FIGURA 3-6 Posição das plumas na Terra há 200 milhões de anos. Nota-se uma estreita correlação entre a "dança dos continentes" através dos tempos geológicos e as plumas no interior do manto. Enquanto ocorria a fragmentação da Pangeia, processava-se o ajuntamento no continente eurasiano.

Desse modo, as plumas frias são convertidas em plumas quentes no interior do manto, gerando as correntes de convecção. Portanto a movimentação das placas, anteriormente relatada, seria controlada por esse mecanismo de tectônica de plumas.

A superpluma do Pacífico

A posição atual da superpluma do Pacífico, que inclui o Havaí e o Taiti, por exemplo, corresponde a 30° de latitude sul. Por outro lado, o centro do supercontinente de Gondwana, há 600 ou 700 milhões de anos, situava-se também naquela latitude. Isso significa que a posição atual da superpluma do Pacífico coincide com a do supercontinente de Gondwana há 600 ou 700 milhões de anos. Essa situação sugere que a origem de superplumas está relacionada à fragmentação de um supercontinente e que a sua posição no interior da Terra não muda por, no mínimo, 700 milhões de anos.

Grande influência nas mudanças paleoclimáticas

Conforme se vê pela Fig. 3-7 (veja também referência bibliográfica 10), ocorreram mudanças paleoambientais nos últimos 700 milhões de anos. Quando se originaram os supercontinentes Gondwana e Pangeia, ou seja, quando o afundamento das plumas frias foi concluído, a Terra tornou-se extremamente fria. Geleiras se formaram e o nível do mar desceu cerca de 200 m em relação ao atual.

Com a ativação das correntes de convecção do núcleo externo, o campo magnético terrestre tornou-se mais forte. Além disso, ocorreu aumento no teor de dióxido de carbono na atmosfera terrestre em função das atividades vulcânicas e da formação da crosta pelas superplumas. A Terra apresentou, então, tendência ao aquecimento.

Após a fragmentação do supercontinente de Pangeia, em meados da Era Mesozoica, a temperatura no planeta chegou ao clímax. O nível do mar encontrava-se cerca de 350 m acima do atual. Se hoje ocorresse um aquecimento global comparável ao daquela época, as cidades mais importantes do mundo ficariam completamente submersas.

A redução na taxa de incremento de dióxido de carbono após a Era Mesozoica, quando comparada à da Era Paleozoica, deve ser atribuída ao aumento da densidade de vegetação. Certamente, em função desse fato, os leitores poderão compreender a importância da existência de florestas pluviais tropicais, principalmente em relação ao ser humano. Entretanto, encarando-se sob o ponto de vista da Geologia Histórica, pode-se pensar até em "excesso de oxigênio". Alguns pesquisadores defendem a ideia de que os incêndios florestais naturais seriam um fenômeno de autorregulação do excesso de oxigênio.

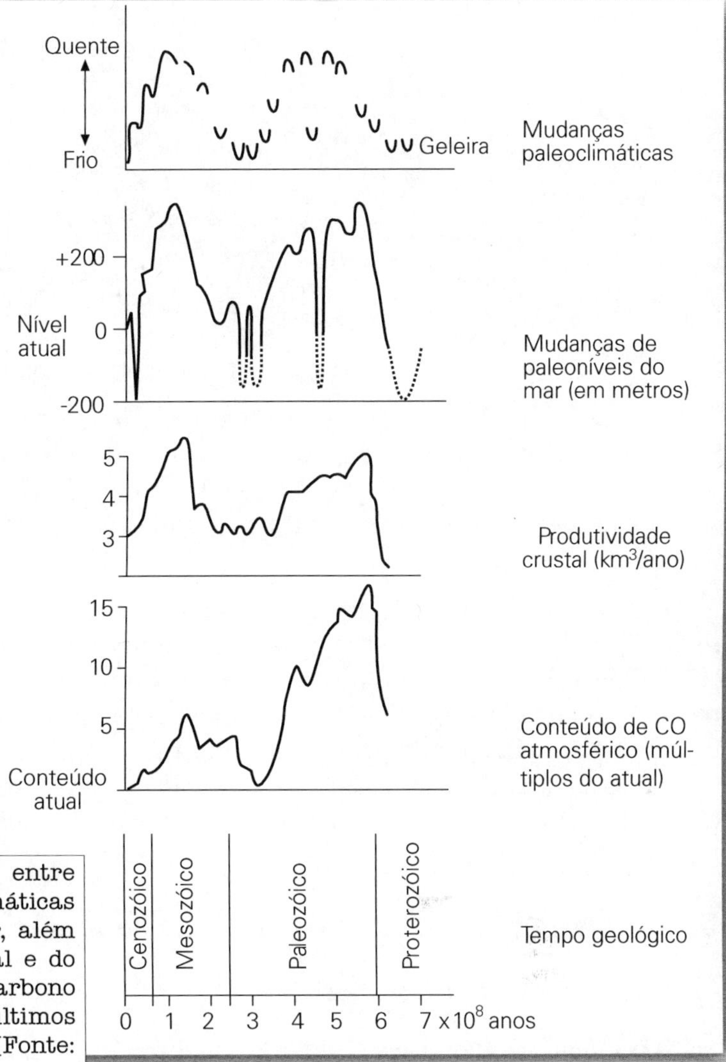

FIGURA 3-7 Relação entre as mudanças paleoclimáticas e os paleoníveis do mar, além da produtividade crustal e do conteúdo de dióxido de carbono (CO_2), atmosférico nos últimos 700 milhões de anos. [Fonte: K. Kaiho, 1993.]

A fragmentação dos supercontinentes e os meteoritos

Considerando-se que a fragmentação dos supercontinentes ocorreu em ciclos de cerca de 400 milhões de anos (cinco vezes em 1,9 bilhão de anos), foi apresentada, em 1994, na Universidade de Kanazawa (Japão), uma hipótese de grande escala, envolvendo até mesmo a Via Láctea (ver boxe). De acordo com essa hipótese, o afundamento da placa estacionária, quando a pluma fria é transformada em superpluma, não ocorreria simplesmente em função do seu peso. Concorreria para o afundamento, também, a colisão de grandes meteoritos, com uma periodicidade de cerca de 400 milhões de anos.

Hipótese da Universidade de Kanazawa

Segundo o dr. Furumoto (na época, professor assistente dessa universidade), haveria uma íntima relação entre o número de crateras da Lua e a intensidade da dinâmica terrestre. Sua hipótese baseia-se em estudos das crateras da Lua e nas idades das rochas da Terra.

Pesquisando as grandes crateras da Lua, com raios superiores a 16 km, descobriu-se a existência de épocas de verdadeiras "chuvas de meteoritos", com ciclos de 400 milhões de anos. Sendo a distância entre a Lua e a Terra "muito pequena", parece lícito admitir que esses eventos também tenham afetado o nosso planeta.

Segundo a hipótese do dr. Furumoto, a fragmentação dos supercontinentes Gondwana e Pangeia teria se iniciado cerca de 100 milhões de anos após a formação de grande quantidade de crateras meteoríticas na Lua. Essa defasagem cronológica seria talvez admissível para a ativação da superpluma, depois do impacto dos meteoritos.

Para explicar o ciclo de 400 milhões de anos na ocorrência das chuvas de meteoritos, admite-se que o Sistema Solar, que gira ao redor da Via Láctea, passe pelo "braço" da galáxia, saturado de gases e fragmentos de estrelas, com essa periodicidade. A próxima passagem do Sistema Solar pelo outro braço da Via Láctea deverá ocorrer daqui há 200 milhões de anos. Por essa época, deverá existir na Terra um supercontinente prestes a se fragmentar. Seria apenas uma coincidência de casualidades ou, segundo a hipótese, haveria uma relação de causa e efeito?

Campo magnético: um registro de toda a dinâmica terrestre

"Fóssil" de ímã natural

A imantação é inerente a minerais e rochas. Assim, conhecendo a orientação de um ímã natural e a força do campo magnético "fossilizado", podemos obter informações sobre a dinâmica terrestre, tal como se fosse pela leitura de escritas antigas.

As agulhas das bússolas indicam a direção norte-sul porque a Terra se comporta como um gigantesco ímã. E, uma vez que a maioria das rochas do nosso planeta possui, em sua composição, areia magnética e outros óxidos de ferro, como magnetita e ilmenita, elas (rochas vulcânicas, sedimentares e metamórficas) ficam magneticamente orientadas durante a sua formação. Devem, desse modo, registrar a orientação e a força do campo magnético terrestre da época.

No caso de sedimentos, como mostra a Fig. 3-8, as areias com partículas magnéticas em suspensão na água serão sedimentadas com a orientação do campo magnético terrestre, sendo, a seguir, transformados em rochas. Por outro lado, no caso de rocha vulcânica, uma vez que na lava extravasada a temperatura chega a ser superior a 1.000 °C, o ferro se apresentará em fusão. Quando a temperatura dimi-

FIGURA 3-8 "Fossilização" do campo magnético terrestre na rocha sedimentar. Minerais de alta suscetibilidade magnética, como a magnetita (F_3O_4), decantam orientados segundo o campo magnético da época, sendo preservados (fossilizados) com a orientação adquirida durante a sedimentação, mesmo depois que a rocha endurece.

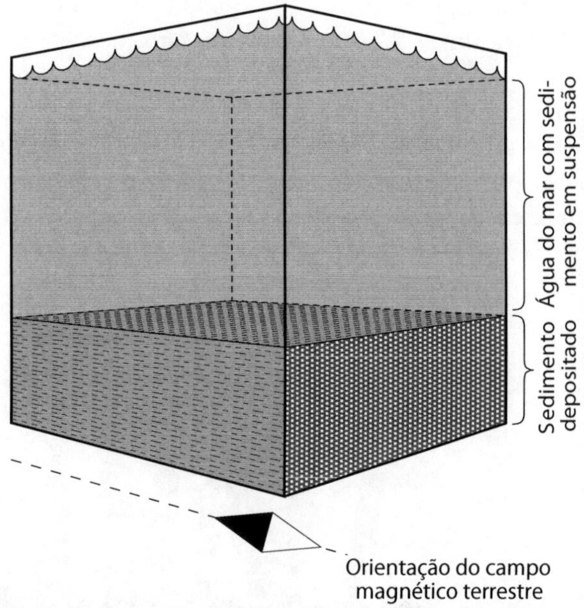

nui, forma minerais que, a aproximadamente 500 °C, serão magnetizados. Quando a temperatura cai abaixo desse valor ("ponto Curie"), o campo magnético terrestre fica registrado.

No caso de rochas termometamórficas, quando sua temperatura atinge o "ponto Curie", a orientação do campo magnético terrestre também fica registrada. Entretanto, a profundidades maiores que a do manto superior, as temperaturas permanecem acima dos 1.000 °C e, desse modo, não ocorre magnetização. Embora a Terra seja um gigantesco ímã, ela não é um ímã permanente.

Conhecendo-se a idade de formação da rocha, o "fóssil" de ímã natural, que registra o magnetismo residual (paleomagnetismo), pode revelar as modificações no campo magnético terrestre. Portanto o Paleomagnetismo representa um bom registro da história dessas variações ao longo do tempo geológico.

Gravações em "fita magnética" do fundo submarino

Pesquisas de "fósseis" de ímãs naturais, para a obtenção de orientações pretéritas do campo magnético terrestre, são desenvolvidas pela disciplina intitulada Paleomagnetismo. Esses estudos, auxiliados também pelo notável progresso dos métodos geocronológicos, que permitem datar as rochas com grande precisão, levaram à reconstituição de 170 reversões de polaridade nos últimos 100 milhões de anos. Entretanto, nos últimos 690 mil anos, não ocorreram mudanças na orientação do campo magnético terrestre.

Principalmente no fundo submarino, ao longo das cadeias mesoceânicas, derrames de lavas basálticas da crosta submarina distribuem-se em faixas paralelas às cadeias. As lavas vulcânicas extravasadas do manto, ao resfriar abaixo do ponto Curie, registram a orientação e a força do campo magnético terrestre da época. Desse modo, como mostra a Fig. 3-9, nos fundos oceânicos ficaram registradas informações sobre esse campo, por longo intervalo de tempo, tal como numa gravação em fita magnética.

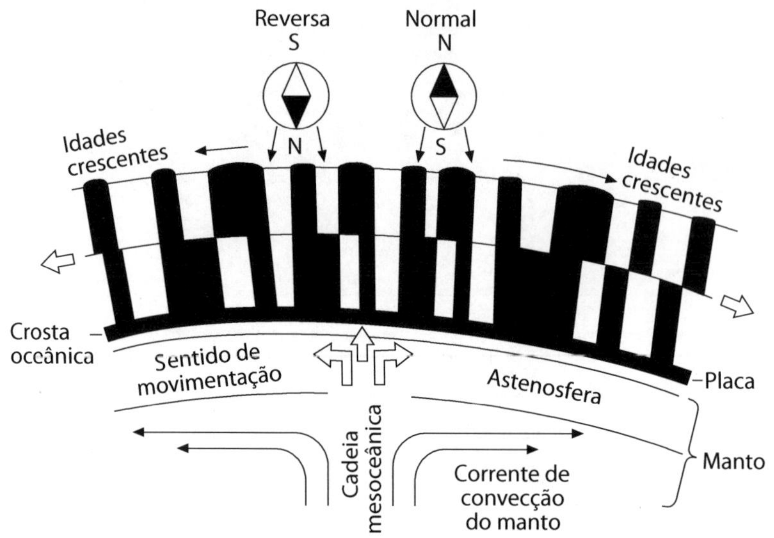

FIGURA 3-9 Gravação em "fita magnética" do fundo submarino. No leito oceânico atual ocorrem faixas paralelas de derrames basálticos, cujas idades aumentam conforme se distanciam da cadeia oceânica. Essas rochas nos fornecem dados sobre a velocidade de deslocamento das placas e as mudanças no campo magnético terrestre.

A placa gerada na cadeia mesoceânica, após migração através do fundo marinho, irá mergulhar na fossa submarina. Exatamente por isso mesmo não se encontram fundos oceânicos com rochas mais antigas que 200 milhões de anos. Na Terra atual, o fundo submarino mais antigo encontra-se no Oceano Pacífico ocidental (Fig. 3-10).

A escala de tempo geológico dos últimos 200 milhões de anos foi encontrada no fundo submarino, mas, infelizmente para idades mais antigas, as informações são desencontradas e, portanto, a precisão das medidas torna-se bem menor. Para isso deve-se contar com as idades das rochas existentes sobre os continentes.

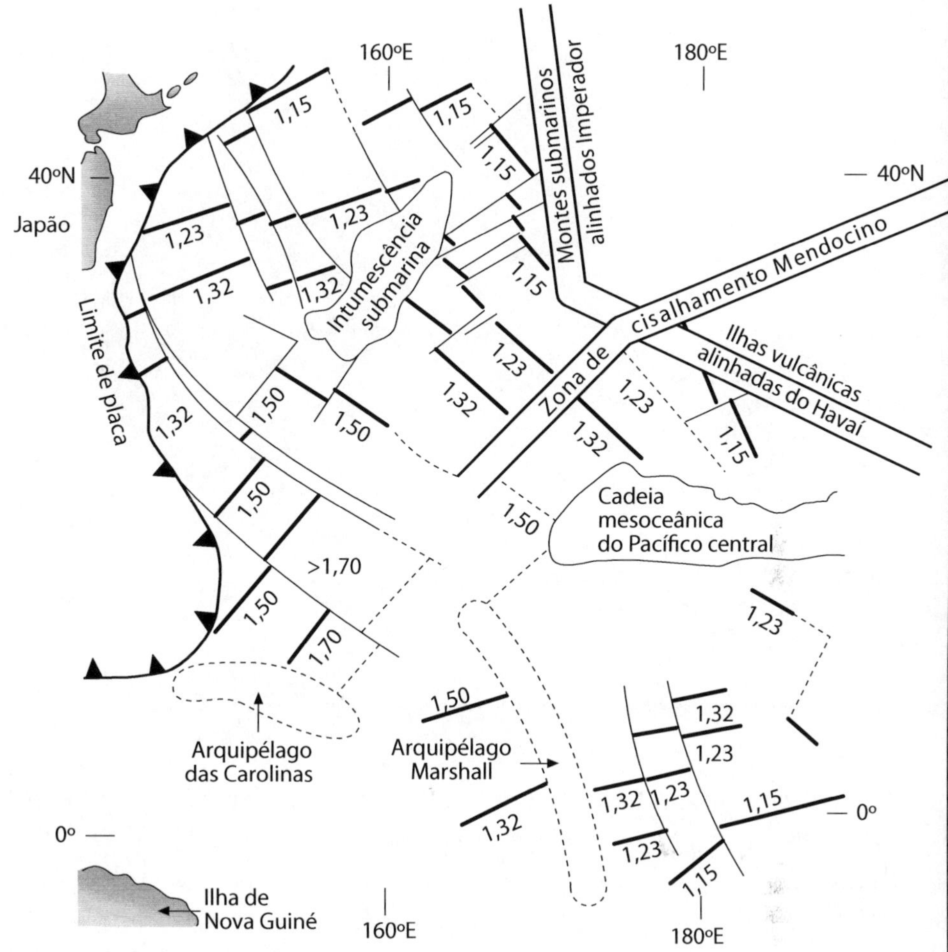

FIGURA 3-10 Idades do substrato oceânico na região do Pacífico ocidental. Notar que as idades são posteriores à fragmentação do supercontinente de Pangeia, ocorrida a partir de 200 milhões de anos. Os números referem-se às idades ($x10^8$ anos). [Fonte: *Proceedings ODP scientific results*, vol. 129, 1992.]

Testemunhos da deriva dos continentes

As direções indicadas pelo magnetismo terrestre não são horizontais. Desse modo, uma agulha magnética devidamente equilibrada em seu centro de gravidade, no hemisfério setentrional virará a ponta N para baixo e, no hemisfério meridional, fará o oposto (Fig. 3-11). O ângulo formado entre o plano horizontal e a agulha magnética define a inclinação magnética, que é nula no Equador e aumenta conforme cresce a latitude, para norte e para sul.

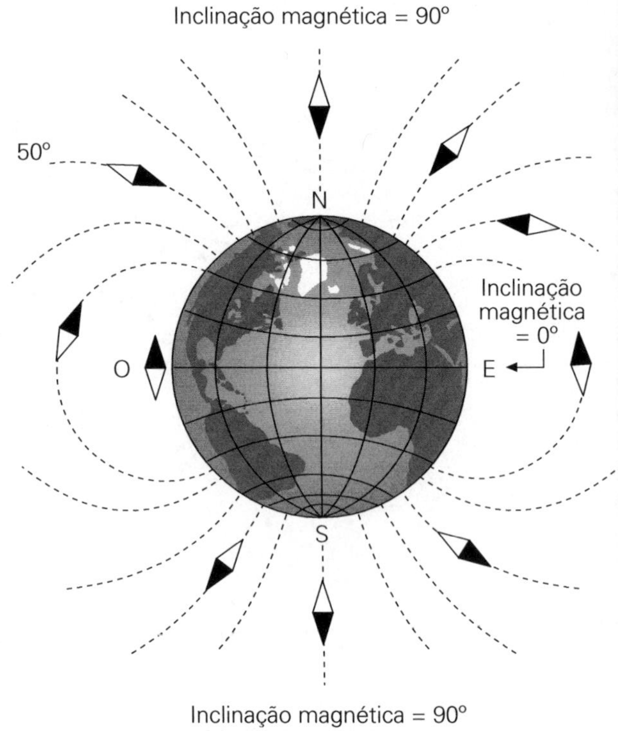

FIGURA 3-11 A direção do campo magnético terrestre e as variações da inclinação magnética, desde a mínima de 0° (no Equador) até 90° (nos pólos). A inclinação magnética é expressa pelo ângulo formado entre a agulha magnética e o plano horizontal em cada ponto da superfície terrestre.

Além disso, a intensidade magnética terrestre também varia conforme o local. Ela é fraca no Equador e aumenta rumo aos pólos.

Obtendo-se, de amostras de rochas com idades bem conhecidas, não somente a orientação do campo magnético terrestre, mas também a inclinação e a intensidade magnéticas, torna-se portanto possível determinar a história da deriva continental no passado. A Fig. 3-12 (veja também referência bibliográfica 13) representa a história da deriva do continente norte-americano, nos últimos 500 milhões de anos, baseada no paleomagnetismo. O Arquipélago Japonês também se formou pelo ajuntamento de ilhas de diversos tamanhos, migrando sucessivamente para o norte.

O estudo do paleomagnetismo de rochas pode esclarecer a história da deriva continental do mundo inteiro. Analogamente, o estudo do mosaico de valores de paleomagnetismo segundo as idades geológicas, como se vê na Fig. 3-10, possibilita conhecer a história da expansão do fundo submarino. Finalmente, mapas da distribuição dos continentes e oceanos segundo as idades geológicas têm sido esboçados através de mapas paleogeográficos (veja as Figs. 4-2, 6-6 e 6-7).

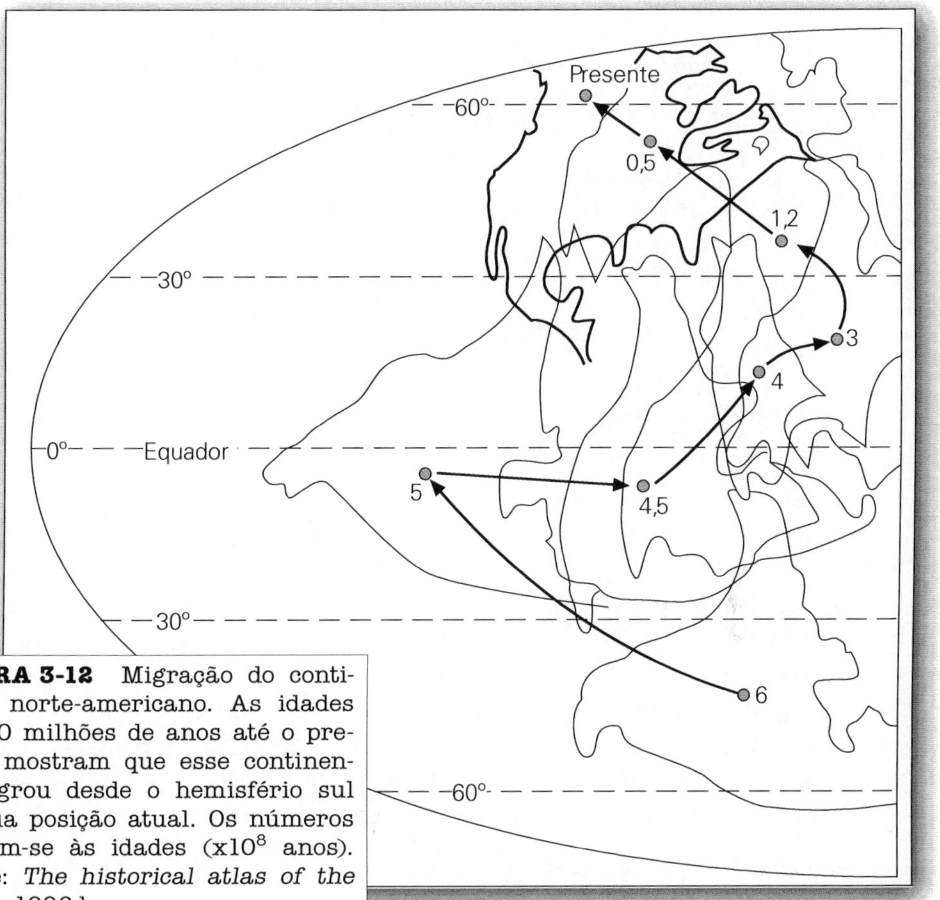

FIGURA 3-12 Migração do continente norte-americano. As idades de 600 milhões de anos até o presente mostram que esse continente migrou desde o hemisfério sul até sua posição atual. Os números referem-se às idades ($x10^8$ anos). [Fonte: *The historical atlas of the Earth*, 1996.]

O "dínamo" do núcleo externo

Até hoje, não se sabe exatamente como é gerado o campo magnético terrestre, nem como se processa sua reversão de polaridade. Uma explicação para sua geração encontramos na "teoria do dínamo terrestre" (ver boxe), segundo a qual o núcleo externo funcionaria como um gerador de eletricidade. Segundo se acredita hoje, as correntes de convecção térmica do núcleo externo interagem com as correntes rotacionais da Terra para produzir a corrente elétrica, originando o campo magnético. Além disso, pela interação de várias causas ocorreriam modificações nos movimentos dessas correntes, causando as reversões do campo magnético terrestre. Mas ainda não conhecemos a fonte de energia do campo magnético terrestre (ver boxe) que, juntamente com o fenômeno da reversão, constitui um problema a ser esclarecido no futuro.

Teoria do dínamo terrestre

Para a manutenção do campo magnético terrestre é necessário que, no interior da Terra, exista um agente gerador e supridor constante de energia elétrica. Como a geração da energia elétrica se deve ao efeito do "dínamo terrestre", o modelo que tenta explicar o campo magnético do nosso planeta por esse efeito é chamado de "teoria do dínamo terrestre". Em 1958 foi proposta a idéia de que, no interior do núcleo, haveria dois dínamos discoidais, que também permitiriam explicar a reversão de polaridade.

Pelo registro da "gravação em fita magnética" do fundo submarino, tem-se a impressão de que as reversões de polaridade são completamente aleatórias. O campo magnético solar também exibe reversões de polaridade, que parecem ocorrer regularmente em ciclos de cerca de 22 anos. Enquanto isso, no caso da Terra, parece ser impossível vislumbrar qualquer ciclicidade.

No Cretáceo médio, entre 112 e 83 milhões de anos, por cerca de 30 milhões de anos, verificou-se um tempo geológico especial sem mudança substancial no campo magnético terrestre (veja a Fig. 5-2). Esse período tranquilo recebeu o nome de zona de polaridade normal de longa duração do Cretáceo. Examinando a "gravação em fita" do fundo submarino dos últimos 200 milhões de anos, percebe-se que o afastamento daquela zona de polaridade, para as épocas anteriores ou posteriores, mostra um aumento na frequência de reversões de polaridade (veja referência bibliográfica 5). Isso poderia sugerir que as reversões de polaridade da Terra ocorrem lentamente, em ciclos de 200 milhões de anos!

Também é possível que a história das reversões de polaridade da Terra represente o registro de mudanças em seu interior; acredita-se que, no mínimo, esteja relacionada à história das atividades do núcleo. Será que existiria alguma relação de causa e efeito com o ciclo de aproximadamente 400 milhões de anos, ligado à ascensão da superpluma e de formação e fragmentação dos supercontinentes com as atividades do núcleo?

A estabilidade do campo magnético terrestre poderia estar sugerindo que o fluxo da corrente de convecção do núcleo externo era forte e seguia em um único sentido. Em outras palavras, quando a corrente de convecção era fraca e o sentido cambiável, o campo magnético terrestre se caracterizava por frequentes reversões. Segundo o registro da "gravação em fita" do fundo submarino, essas reversões têm acontecido até em intervalos de tempo inferiores a 10 mil anos, muito curtos em termos geológicos.

Fonte de energia do campo magnético terrestre

A temperatura no interior do núcleo externo desenvolve no núcleo uma condição de plasma (coexistência de partículas com cargas elétricas positiva e negativa, as quais movimentam-se eletricamente como cargas neutras). Pensa-se que a energia de movimentação da corrente de convecção do plasma seja transformada em magnetismo.

Magnetosfera: escudo protetor da vida terrestre

Sabe-se que o Sol irradia em todas as direções um vento de alta velocidade (200 a 900 km/s), conhecido como vento solar. A parcela desse sopro solar que atinge a Terra chega carregada de radiações nocivas, compostas de raios cósmicos e corpúsculos ionizados.

Entretanto, como a Terra constitui um gigantesco ímã, seu campo magnético protege a vida aqui existente. O campo de força sofre uma forte deformação ao receber o impacto do vento solar, permanecendo completamente envolto nele. É essa "bolha" magnética, chamada magnetosfera, que protege os seres vivos da Terra contra os efeitos nocivos do vento solar.

Como se vê, o ser humano também existe graças à magnetosfera. Entretanto, conforme já mencionado anteriormente, o que acontecerá com os seres vivos da Terra – especialmente com os humanos – se daqui a 1.500 anos a força da magnetosfera se extinguir? Outro exemplo: os pássaros migradores utilizam o campo magnético terrestre para se orientar em suas longas viagens; sem a magnetosfera perderão o rumo e poderão desaparecer!

Em camada sedimentar de águas profundas do Oceano Pacífico, com 690 mil anos de idade, foi reconhecida uma zona fossilífera com grande quantidade de radiolários mortos. Alguns pesquisadores acreditam que as linhagens desses protozoários marinhos teriam sido afetadas mortalmente quando, na época, a magnetosfera passou por uma anulação momentânea, durante uma reversão de polaridade. Entretanto, como a própria atmosfera funciona como proteção contra corpúsculos ionizados, parece pouco provável que o fato produza a extinção de espécies animais. Além disso, a anulação momentânea do campo magnético terrestre deverá também produzir alterações nas correntes de convecção do núcleo externo. Mas ainda não estão esclarecidas as mudanças que a paralisação magnética desencadearia em toda a Terra.

Quanto aos planetas do Sistema Solar, sabemos que o campo magnético de Mercúrio é muito fraco e que Vênus não possui campo magnético. Também se pode dizer que, em Marte e na Lua, ele praticamente não existe. Certamente o avanço das observações e medições nesses astros trarão mais informações.

A constituição dos continentes e a crosta terrestre

A crosta primitiva da Terra e da Lua

Imagina-se que a crosta primitiva da Terra tenha sido formada há muito tempo por rocha silicosa (rocha ácida, vulcânica, que difere do basalto e do granito). Por outro lado, a lava que forma o basalto originou-se lentamente pela efusão de materiais do manto. Entretanto, como a crosta terrestre é muito antiga, acredita-se que, em parte, tenha passado a integrar o manto. Para saber qual era a natureza da crosta primitiva do nosso planeta, vamos examinar o caso da Lua (ver boxe).

A camada superficial da Lua

Do raio da Lua, correspondente a 1.740 km, as espessuras da crosta planáltica (partes altas) e a da crosta "marinha" (partes baixas) medem 60 km e 20 km, respectivamente. A espessura da litosfera chega a 1.000 km, mas a da astenosfera é de cerca de 700 km. Imagina-se que não há núcleo e que o peso da Lua corresponde a apenas 1,2% do peso da Terra.

As atividades "geológicas" da Lua cessaram há 3 bilhões de anos e, portanto, acredita-se que lá esteja preservada a crosta primitiva. A espessa crosta, que constitui os platôs (crosta planáltica) da Lua, é composta principalmente de minerais silicáticos e aluminosos, que formam rochas vulcânicas chamadas anortito. Este não é metálico e sua composição indica ser uma rocha formada a altas temperaturas. Acredita-se que a região dos platôs da Lua tenha resultado do endurecimento de uma "zona magmática", que formava o "mar da Lua", rico em alumínio, cálcio e silício. Sobre essa crosta colidiam frequentemente, há até 4 bilhões de anos, meteoritos e asteroides, resultando numa poeira de impacto (regolito) que recobre toda a superfície lunar.

Por outro lado, diferente da Lua, a crosta primitiva da Terra seria composta principalmente de ferro e magnésio, além de menores quantidades de mica, anfibólio e outros minerais silicatados. Acredita-se que esse tipo de crosta teria se formado por atividades vulcânicas, pelo extravasamento sucessivo de magma.

O material teria se resfriado com relativa rapidez, dando origem à rocha. Portanto a crosta formada era muito delgada e a superfície do magma exibia finas fissuras. Com o passar do tempo, esses materiais foram se sobrepondo e, finalmente, ficou difícil saber onde a crosta era delgada e mais fraca. Sobre essa crosta, tal como no caso da Lua, teria ocorrido impacto de meteoritos. Mas como a Terra já apresentava atmosfera, seus efeitos teriam sido bastante atenuados.

A superfície primitiva da Terra era recoberta por rochas silicosas. Mas, no caso, a tectônica de placas teria feito com que o fundo submarino ou até mesmo o continente mergulhasse e reciclasse, para surgir na superfície como novos materiais da litosfera ou da placa. Esse processo de reciclagem através da tectônica de placas continua ocorrendo até hoje na Terra. Além disso, tal mecanismo garante que a litosfera mantenha sua espessura, sem que ocorra estiramento ou encolhimento.

Desse modo, acredita-se que há 4,4 bilhões de anos as crostas da Lua e da Terra tenham sido semelhantes. Entretanto, mais tarde, o aparecimento da atmosfera e a atuação da tectônica de placas na Terra fizeram com que se tornassem bastante distintas.

A origem natural dos continentes

As áreas continentais ocupam hoje uma área correspondente a cerca de 30% da superfície terrestre. Como os continentes são mais leves, em comparação aos fundos submarinos ou ao manto, eles flutuam sobre esses materiais, conforme já relatado anteriormente. A espessura média da crosta continental teria cerca de 30 km, mas ela se apresenta mais espessa nas regiões montanhosas.

As áreas continentais mais antigas até o momento conhecidas encontram-se no Canadá, onde a idade chega a 3,96 bilhões de anos. Infelizmente ainda não se conhecem, nesse local, evidências de vida primitiva.

As rochas mais antigas da Terra contendo possível vestígio de seres vivos, representado por carbono orgânico, foram datadas em 3,55 bilhões de anos e ocorrem na porção ocidental da Austrália. São rochas calcárias com estromatólitos – estruturas biogênicas atribuídas à atividade de algas.

Além disso, rochas contendo fósseis de bactérias com 3,35 bilhões de anos ocorrem ao sul da África, na Suazilândia. Estão em andamento pesquisas à procura de evidências mais antigas de vida. Entretanto, quanto mais antigos os continentes, tanto mais afetados estão por reciclagem de rochas, ligada à dinâmica crustal e aos processos metamórficos, tornando muito difíceis os trabalhos.

A estrutura geológica dos continentes, quando comparada à dos fundos submarinos, bem mais recentes, mostra-se muito mais complexa. Além disso, verifica-se que, nas partes centrais dos continentes, as idades são mais antigas e apresentam tendência a uma diminuição em direção às bordas (Fig. 3-13 e referência bibliográfica 13).

A dimensão de um continente não é grande desde o início; ao contrário suas áreas são acrescidas em etapas sucessivas. Cerca de 10% da crosta continental compõe-se de rochas do Arqueano Inferior (3,8 a 3,5 bilhões de anos) e cerca de 60% é do Arqueano Superior (2,9 a 2,6 bilhões de anos). Os restantes 30% formaram-se no Proterozoico (1,9 a 1,7 bilhões de anos) e no Fanerozoico (após 500 milhões de anos).

E como teria se originado a crosta primitiva? Infelizmente, ainda não sabemos com exatidão como transcorreu esse fato. Entretanto, de pesquisas geoquímicas, sabemos que, quando porções da crosta oceânica sofreram fusão, deram origem a uma crosta primitiva, composta de material completamente diferente do anterior. Por exemplo, imaginemos que a crosta tivesse sofrido o impacto de um meteorito e

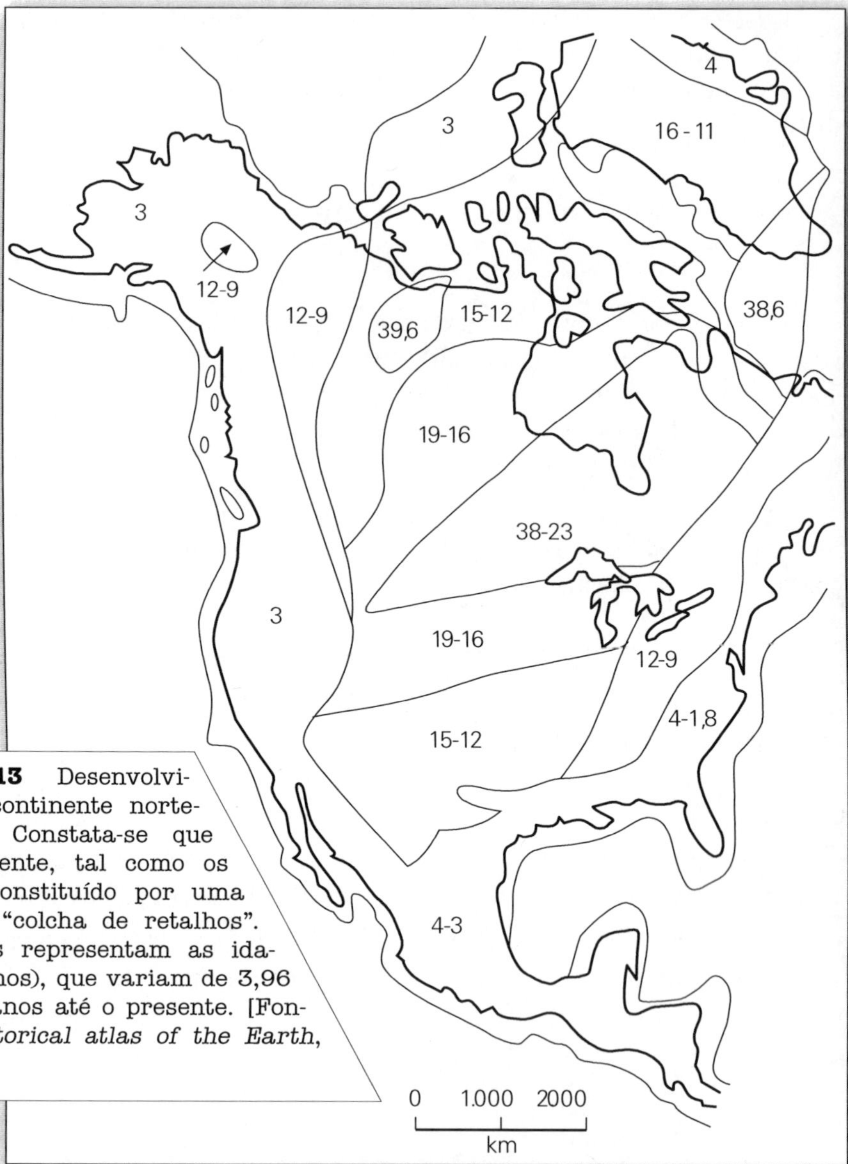

FIGURA 3-13 Desenvolvimento do continente norte-americano. Constata-se que esse continente, tal como os outros, é constituído por uma verdadeira "colcha de retalhos". Os números representam as idades ($x10^8$ anos), que variam de 3,96 bilhões de anos até o presente. [Fonte: *The historical atlas of the Earth*, 1996.]

que o calor desenvolvido tivesse gerado uma corrente de convecção no interior do manto. Dessa maneira, teria se formado a crosta primitiva dos continentes. Se tal fenômeno realmente ocorreu, a corrente de convecção do manto deve ter sido de pequena escala, dando origem a um continente primitivo muito pequeno.

Além disso, existiria uma crosta continental originada em zona de subducção por duas crostas oceânicas, situação essa que pode ser explicada como exposto a seguir (ver boxe). A superfície original da Terra teria endurecido gradualmente pelo resfriamento, levando à formação das placas. Até cerca de 4 bilhões de anos atrás, quando a crosta teria sido reciclada (regenerada), as placas haviam se tornado su-

Hipótese de formação da crosta na área de subducção

Quando a "fatia" de placa em subducção se funde, os elementos componentes do granito sofrem separação. A placa remanescente torna-se mais leve que o manto e sobe. Atualmente, acha-se distribuída por até 400 km de profundidade, abaixo da crosta continental, de 1,9 bilhões de anos, sendo também chamada de tectosfera.

ficientemente frias e pesadas. Essas placas foram, a seguir, introduzidas em material quente e fluidificado do manto pelas correntes de convecção. Elas também teriam sofrido fusão e, reagindo com a água do mar, adicionada durante a subducção, transformaram-se em granito. Tiveram origem, desse modo, placas mais leves e diferenciadas, que foram levadas para a superfície por flutuação.

Se um fenômeno desse tipo não tivesse ocorrido, a crosta terrestre deveria ser semelhante à da Lua. As primitivas placas dessa época eram compostas de materiais muito fragmentados da crosta. As placas que se tornaram leves teriam passado a constituir a crosta continental. Se essa teoria estiver correta, uma vez que na Terra havia oceano e como houve movimentação de placas, os continentes (granitos) foram naturalmente formados.

Provavelmente, a crosta primitiva dos continentes assim formada apresentava-se como nas ilhas do Arquipélago Japonês. Essas ilhas teriam servido como núcleos, aos quais se agregaram outras rochas para formar a espessa crosta continental.

As correntes de convecção existentes no manto, na época, não deveriam ser tão fortes como as atuais; dessa maneira, acredita-se que a crosta continental da época apresentava pequenas dimensões. A tectônica de placas, que ocorreu posteriormente, deve ter influído e a expansão do fundo submarino – principalmente – deve ter modificado por completo a forma e a posição dos continentes.

Excetuando a Terra, o único planeta que parece ter uma crosta continental semelhante à nossa é Vênus. Ali podem ser vistas "rochas concrecionárias" em mosaicos nítidos (produto de tectônica de pluma?), diferentes dos platôs formados de basalto. Acredita-se que essas "rochas concrecionárias" exibam evidências de deslocamento lateral (tectônica de placas?). Será que também em Vênus ocorreria crosta continental semelhante à da Terra? Entretanto, como em Vênus a água teria sido completamente evaporada, mesmo que existisse tectônica de placas, a ocorrência de crosta continental como a da Terra é pouco provável.

A acreção lateral de camadas deu origem às montanhas

Durante muito tempo se acreditou que as montanhas eram formadas por geossinclínios, que corresponderiam a bacias sedimentares. Seriam formadas por subsidência (afundamento) de parte da crosta oceânica, adjacente a uma crosta continental, por causas desconhecidas.

Nessas bacias teriam se acumulado espessas camadas sedimentares (cascalhos, areias e lamas), conforme esquematizado na Fig. 3-14. A sucessiva acumulação de camadas sedimentares teria causado subsidência do geossinclínio e, finalmente, poderia atingir maiores profundidades, com pressão e temperatura elevadas. Então, as rochas teriam começado a sofrer fusão, dando início às atividades vulcânicas. O soerguimento das porções mais profundas teria originado as cadeias montanhosas.

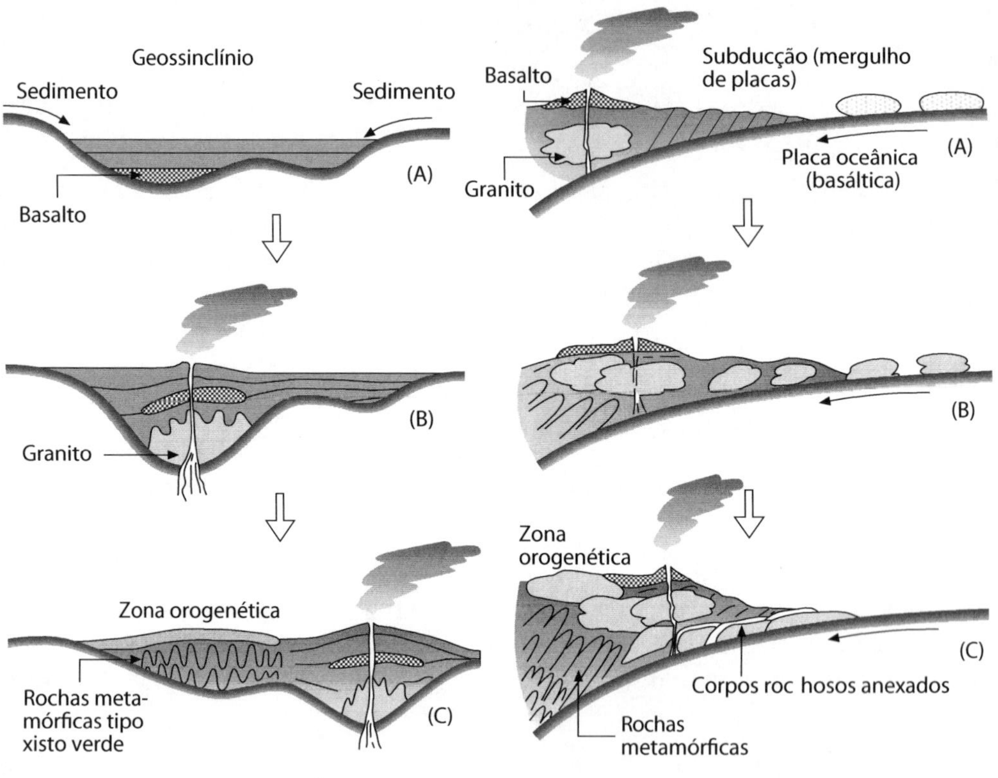

FIGURA 3-14 Duas diferentes teorias sobre a formação de zonas orogenéticas (regiões montanhosas). A teoria do geossinclínio (esquerda) está desacreditada atualmente; a tectônica global (direita) constitui a base da moderna geotectônica.

Desse modo, acreditava-se que o Arquipélago Japonês também representava um geossinclínio. Entretanto a ocorrência de camadas com diferentes idades em posições adjacentes, de camadas mais velhas em posição topográfica superior às mais jovens e as épocas de formação de rochas vulcânicas não puderam ser adequadamente explicadas. Durante muito tempo, esses problemas constituíram um enigma da geologia histórica do Arquipélago Japonês.

Com o avanço da teoria da tectônica de placas, pela datação mais precisa das rochas com base em microfósseis (foraminíferos e outros micro-organismos planctônicos) e pela adição de conhecimentos ligados ao paleomagnetismo, foram surgindo reinterpretações. Desse modo, descobriu-se que muitos dos enigmas desapareciam quando se considerava o Arquipélago Japonês um ajuntamento de várias ilhas próximas ao Equador, provenientes do hemisfério sul,

Recentemente se descobriu que o mesmo tipo de pensamento se aplica à região das cordilheiras da porção ocidental da América do Norte. Desse modo, acredita-se que a zona de orogenia das Montanhas Rochosas, por exemplo, tenha se formado pelo ajuntamento de núcleos continentais das eras Paleozoica, Mesozoica e Cenozoica, transportados pela placa do Oceano Pacífico, a partir do oeste.

Portanto os continentes e as regiões montanhosas não parecem ter se formado pelo empilhamento vertical (acreção vertical), mas pelo "empilhamento" lateral (acreção lateral) de blocos de rochas, que acabam por formar os continentes.

No caso da zona de orogenia do Himalaia, também parece ser mais lógico imaginar que tenha sido formada pela subsidência de uma placa continental. Além disso, quase todas as rochas metamórficas foram expostas a altas temperaturas e pressões nos sítios de subsidência, mas existem situações em que rochas antigas, já metamorfoseadas, são novamente acrescentadas. E esse tipo de zona orogênica também é de difícil explicação pela teoria do geossinclínio.

Capítulo 4

Oceanos, atmosfera e seres vivos

A Terra pode ser considerada, dentro do Sistema Solar, como um astro no mínimo peculiar, pela existência de oceanos, da atmosfera e de seres vivos. Todos estão intimamente relacionados, visto que os seres vivos tiveram origem nos oceanos e estes, por sua vez, deram origem ao oxigênio atmosférico.

Neste capítulo são apresentadas e discutidas algumas peculiaridades do nosso planeta, tais como a composição dos oceanos e da atmosfera, bem como as relações entre as correntes oceânicas, que promovem a circulação oceânica e condicionam os climas.

Oceano: berço da vida e estabilizador do clima

A origem da vida

Sabe-se que aproximadamente 80% do corpo humano compõe-se de água. Do mesmo modo que os oceanos são atraídos pela força gravitacional da Lua, os seres humanos, compostos predominantemente de água, também sofrem influência das marés, que atuam ritmicamente. Além disso, a composição química dos oceanos é semelhante à dos seres humanos.

É comum vermos a Terra designada como “planeta água”. De fato, a área da superfície terrestre ocupada pelos oceanos é de 360 milhões de km^2, correspondente a quase 2,5 vezes a superfície ocupada pelos continentes.

O primeiro sedimento marinho deve ter-se acumulado há 3,55 bilhões de anos, idade comparável à dos primeiros continentes. Desse modo, parece lícito imaginar que as bacias sedimentares da época já estavam preenchidas por águas oceânicas, que se formaram pela condensação dos vapores de atividades vulcânicas. Hoje, a área ocupada pelos oceanos corresponde a cerca de 2/3 da superfície terrestre, mas, na época, os continentes eram menores e a área dos oceanos deveria ser proporcionalmente maior.

Na água dos oceanos, além do oxigênio e do hidrogênio, encontram-se dissolvidos cerca de oitenta outros elementos químicos. Acredita-se que, dos 92 elementos químicos existentes na natureza, cerca de trinta entram na composição dos seres vivos, que habitam a superfície terrestre.

Confrontando os elementos químicos mais importantes que constituem o corpo humano e estão dissolvidos na água do mar, percebemos que, além do hidrogênio e do oxigênio, ocorrem carbono, enxofre, nitrogênio e sódio. Cerca de dez elementos químicos são encontrados em proporções semelhantes no corpo humano e nas águas oceânicas. Entre os elementos químicos maiores, com exceção do fósforo, nota-se certa reciprocidade entre os teores encontrados no corpo humano e nos mares. Por outro lado, os elementos não encontrados nesses meios, como silício, alumínio, ferro e titânio, constituem os principais elementos químicos da crosta. Verifica-se claramente que os materiais da crosta são diferentes daqueles que formam os oceanos e os seres vivos.

O fósforo atua na atividade de contração celular, no transporte de nutrientes, no auxílio ao efeito catalítico do oxigênio e na transmissão das informações genéticas, desempenhando, portanto, papel muito importante no corpo dos seres vivos. É provável que o fósforo tenha passado a ser utilizado pelos seres vivos por ser estável como radical iônico ácido fosfórico.

Além disso, entre os elementos-traço presentes nas águas dos oceanos, os mais abundantes, como o molibdênio e o zinco, são essenciais à manutenção da vida, pois atuam na transformação da matéria e da energia e na transmissão de mensagens.

Essas semelhanças de composições químicas, entre oceanos e seres vivos, são consideradas importante evidência de que a vida foi gerada nos oceanos. Em outras palavras, embora a proporção relativa entre as áreas oceânicas e continentais tenha se modificado através dos tempos geológicos, a composição das águas oceânicas manteve-se praticamente inalterada.

Há cerca de 350 milhões de anos, surgiram os animais com coluna vertebral, formada pelo cálcio dos oceanos, que passaram a habitar os continentes.

Controle da circulação oceânica

O padrão de circulação oceânica é estabelecido em função das mudanças de salinidade e de temperatura; ele interfere até no clima. Por outro lado, a mudança do clima também afeta a salinidade e a temperatura das águas oceânicas, modificando a circulação oceânica. E os oceanos repetem esses processos, como se buscassem homogeneizar o clima na Terra.

O teor médio de sal nos oceanos é de 34,72 g/kg; na água doce é de apenas 3 g/kg. No Mar do Caribe e no Mediterrâneo, onde a evaporação se apresenta muito intensa, as salinidades são maiores. Em altas latitudes, as águas doces das chuvas e do degelo diminuem as salinidades.

Com o progressivo intemperismo dos continentes, tem ocorrido contínuo suprimento de sal aos oceanos, através dos rios. A salinidade deveria ser mais baixa no oceano primitivo, uma vez que os continentes eram bem menores.

O sal também é fornecido pelas fontes termais associadas às cadeias mesoceânicas, como já se verificou em pesquisas recentes, realizadas por submarinos. Nesses locais, a água aquecida, contendo ferro, manganês, lítio e bário – além de todos os outros elementos químicos normalmente encontrados na água do mar –, passa por partes recém-formadas da crosta. Além disso, dióxido de carbono, ácido silícico, anidrita, carbonatos e cálcio podem estar presentes.

Recentemente foram obtidos dados bastante detalhados sobre as "fumarolas negras" (*black smokers*), através de perfurações na Cadeia Mesoceânica do Oceano Atlântico (veja a Fig. 4-1 e a referência bibliográfica 15). Essa "fumarola negra" consiste numa colina de 40 m de altura por 200 m de largura, a 3.650 m dc profundidade. Por ela jorra água aquecida a mais de 300 °C. Essa água quente, suprida pelo interior da Terra, escoa numa vazão superior a 10 mil litros por minuto. A colina situa-se sobre crosta oceânica supostamente formada há cerca de 100 mil anos, onde se acumularam minerais sulfetados de ferro, cobre e estanho, nos últimos 40 mil anos. Análises químicas dos sedimentos forneceram dados importantes sobre essas águas, lançadas do interior da Terra, bem como sobre o sistema de circulação das águas oceânicas.

Quando a temperatura diminui, a água oceânica torna-se mais densa (pesada) e, conforme já relatado anteriormente, ela atinge o peso máximo a 4 °C. O Sol consegue iluminar e aquecer a água oceânica a até 100-200 m, profundidade em que ela também pode ser movimentada pelo vento e pelas ondas. Porém, abaixo disso, a temperatura diminui bruscamente e estabiliza-se entre 2 e 4 °C.

As correntes oceânicas são produzidas por mudanças na densidade da água, causadas por modificações de salinidade e temperatura. O aumento na temperatura do ar provoca fusão das geleiras, cujas águas de degelo diminuem a salinidade dos mares. As águas dos mares tornam-se, assim, menos densas. Ocorrem então mudanças no padrão de circulação das correntes oceânicas, que constituem correntes superficiais.

No planeta Terra de hoje, principalmente em áreas próximas ao Polo Sul, que retém mais de 90% das geleiras, ocorrem repetidos congelamentos e degelos de grandes volumes de água. Esses fenômenos determinam os padrões de circulação das correntes oceânicas em escala mundial.

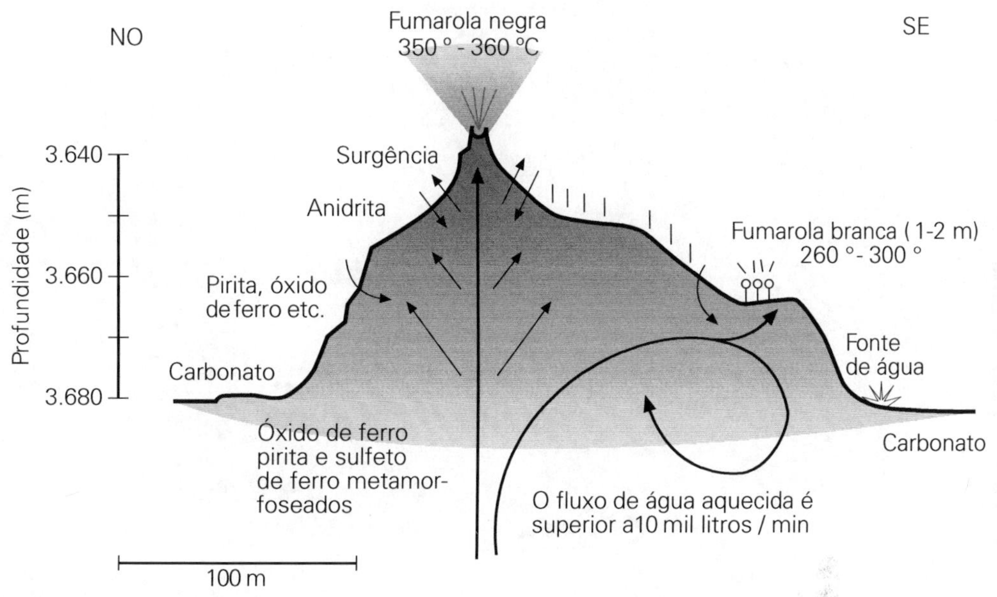

FIGURA 4-1 Vista em corte da "fumarola negra" da Cadeia Mesoceânica do Atlântico central. As setas indicam prováveis sentidos do fluido, com base na composição química das fumarolas. [Fonte: ODP Leg 158, 1996.]

Influência dos continentes e das correntes oceânicas sobre o clima

Os climas da Terra são fortemente influenciados tanto pelas correntes oceânicas, que circulam superficialmente, como pelas correntes geostróficas, que atuam em grandes profundidades. A orientação dessas correntes é determinada pela posição dos continentes. Por outro lado, os padrões de circulação atmosférica mudam em função da distribuição das pressões e da direção dos ventos, modificando, em consequência, a circulação das correntes oceânicas quentes e frias em escala mundial e, portanto, os climas.

Em algumas épocas da história da Terra, a posição dos continentes era tal que as correntes oceânicas quentes atingiam os pólos. Os climas, então, apresentavam-se estabilizados. Por exemplo, no Período Jurássico da Era Mesozoica, o oceano estendia-se na direção leste-oeste, entre os supercontinentes da Laurásia ao norte e de Gondwana ao sul, nas proximidades do Equador (veja a Fig. 4-2 e a referência bibliográfica 13). As correntes oceânicas quentes da época deslocavam-se de leste para oeste e bifurcavam-se para o norte e para o sul. Quanto mais quente for uma corrente oceânica, tanto maior será a sua dispersão em área tornando, em consequência, mais quente o clima de todo o planeta.

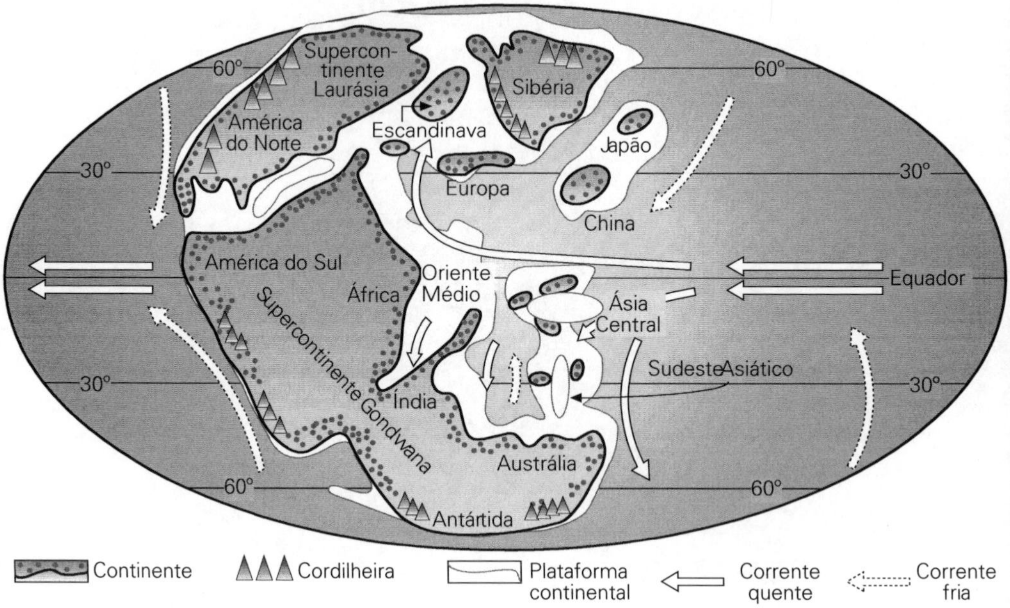

FIGURA 4-2 Paleogeografia do Período Jurássico (há 170 milhões de anos). Observar a configuração aproximada dos supercontinentes da Laurásia (hemisféiro norte) e de Gondwana (hemisfério sul), e as paleocorrentes frias e quentes da época. [Fonte: *The historical atlas of the Earth*, 1996.]

Atualmente, entretanto, a Terra apresenta uma corrente fria que circunda o continente antártico, no Polo Sul, e o Polo Norte acha-se isolado das demais áreas continentais. Desse modo, as regiões polares não são atingidas pelas correntes oceânicas quentes e ambos os polos se caracterizam por climas frios. Nessas condições, os dois polos são ocupados por calotas glaciais (geleiras), de modo que a diferença de temperatura entre os polos e o Equador é muito grande. Se a posição dos continentes não sofrer alterações futuras, a amplitude térmica entre os polos e o Equador deverá ser mantida.

Atmosfera: o céu azul é característico da Terra

Evolução da atmosfera

Acredita-se que as atmosferas primitivas de Mercúrio, Vênus, Terra e Marte e outros planetas do Sistema Solar, bem como de pequenos planetas (asteroides), tenham se formado pelo acúmulo de gases emanados desses corpos celestes. Excluindo o Mercúrio, é provável que, ao menos uma vez, a atmosfera tenha estado presente em outros planetas. Entretanto diferenças na evolução de cada planeta fizeram com que surgissem grandes discrepâncias entre os teores dos elementos componentes das suas atmosferas.

Os minerais silicatados contêm, em sua estrutura cristalina interna, hidrogênio e oxigênio. Compostos silicatados são normalmente encontrados no interior da crosta terrestre, bem como em fragmentos rochosos provavelmente originados do manto superior. Isso acontece porque, quando a Terra era muito quente, parte dos minerais silicatados sofreu fusão no manto, para originar o magma. Por isso mesmo, esse magma continha também nitrogênio gasoso, dióxido de carbono e vapor de água.

Os mencionados compostos foram misturados e ascenderam até a superfície terrestre, onde teria ocorrido expansão dos gases, que aumentaram a pressão de efusão, causando derrame de lavas e explosão. Esses fenômenos levaram à produção de grande quantidade de nuvens explosivas contendo vapor de água, que se transformaram em água líquida, acumulada, a seguir, nas depressões para formar o oceano. Embora no interior da Terra também tenham sido originados gases leves, estes devem ter sido fornecidos principalmente por cometas. Hidrogênio, nitrogênio e carbono acham-se combinados para formar o corpo congelado de cometas. Atualmente eles não são tão numerosos, mas, quando se considera um longo intervalo de tempo, desde o Arqueano, o número deve ser muito grande.

O estudo de gases vulcânicos sugere que a atmosfera primitiva da Terra era bem diferente da atual. Supõe-se que vapor de água, dióxido de carbono, monóxido de carbono e hidrogênio tenham sido os componentes principais. O hidrogênio gasoso, extremamente leve, deve ter-se perdido rapidamente no espaço cósmico. O dióxido de carbono constituía no passado mais de 80% da atmosfera, mas foi rapidamente consumido na formação de grandes volumes de calcário no oceano (veja a Fig. 4-3 e a referência bibliográfica 12). O vapor de água da camada superior da atmosfera teria sido decomposto pelos raios solares em hidrogênio e oxigênio, transformando-se a seguir em metano, monóxido de carbono, dióxido de carbono e água.

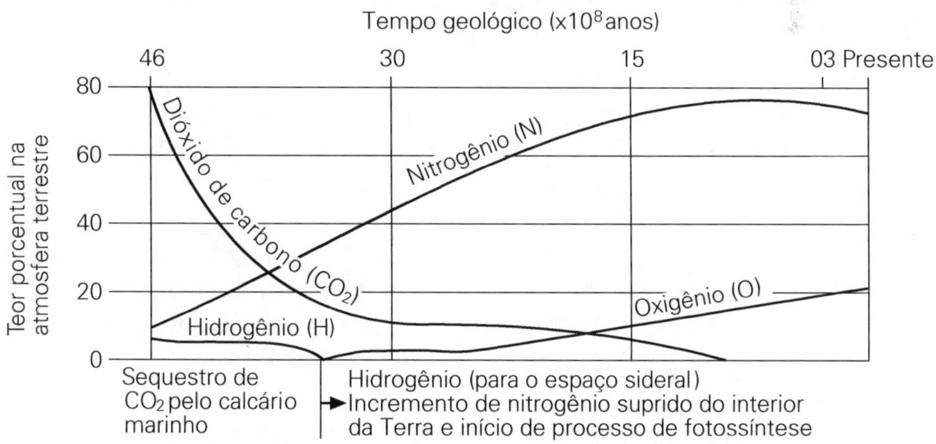

FIGURA 4-3 Alterações na composição atmosférica da Terra. No início (há 4,6 bilhões de anos), nossa atmosfera era composta essencialmente por dióxido de carbono, baixos teores de hidrogênio (menos de 10%) e nitrogênio. Atualmente, a atmosfera é composta por mais de 70% de nitrogênio e 20% de oxigênio, além de teores menores de outros gases. [Fonte: *Earth and other planets*, 1995.]

Sabe-se que o oxigênio já era produzido há 3,5 bilhões de anos pelas algas azuis. Mas um maior volume desse gás passou a ser formado a partir de 3 bilhões de anos pela fotossíntese, que se tornou muito ativa.

Pelas leis da Química, é extremamente estranha a coexistência do metano e oxigênio na atmosfera, pois, na presença de excesso de oxigênio, o metano deveria decompor-se em dióxido de carbono e água. A existência do metano, apesar da presença do oxigênio, sugere que ele devia se formar com velocidade superior à de reação química entre esses gases. Esse fato se deve à intensa produção de metano pelos seres vivos.

Há 300 milhões de anos, cerca de 20% da atmosfera passou a ser composta de oxigênio. Praticamente na mesma época, parte das moléculas de oxigênio foi decomposta pelos raios ultravioleta do Sol, formando átomos de oxigênio. O ozônio teria se originado da combinação desses átomos com moléculas de oxigênio e se concentrado em altitudes de cerca de 25 km, formando a camada de ozônio.

Imagina-se que a grande discrepância na composição, entre a atmosfera de asteroides e a de outros planetas, embora primitivamente tenham sido semelhantes, deve-se não somente à diferença das histórias evolutivas, mas também devem ser atribuídas às diferenças de peso e de temperatura. A gravidade de Mercúrio é muito reduzida, mas sua temperatura é extremamente alta, de modo que não pode reter vapor de água e gases. Vênus possui peso semelhante ao da Terra e, portanto, acredita-se que tenha chegado a reter grande volume de água. Porém, como se localiza muito próximo do Sol e, além disso, por possuir atmosfera composta quase que somente de dióxido de carbono (97%), produz efeito estufa acentuado. A alta temperatura superficial deve ter levado à evaporação quase total da água. Atualmente, a atmosfera de Mercúrio retém apenas 0,1% de vapor de água. Oxigênio não existe, pois torna-se instável em função da intensa radiação solar, enquanto que o hidrogênio escapa para o espaço sideral.

Em Marte existem prováveis vales fluviais, que poderiam sugerir a existência, no passado, de volume suficiente de água para produzir essas feições. Embora o teor de dióxido de carbono em sua atmosfera chegue a 95%, por estar muito longe do Sol, o efeito estufa é pouco eficiente e a temperatura é baixa. Atualmente, parecem ocorrer calotas glaciais relativamente grandes em suas regiões polares. Foi comprovada também a existência de 3% de nitrogênio e de 1,6% de argônio na atmosfera marciana. É até possível que algum ser vivo tenha existido em Marte, mas, como atualmente não existe nada que intercepte os raios ultravioleta, eles seriam levados à morte. Na Terra existe a camada de ozônio; já em Marte, é provável que parte dos raios ultravioleta seja bloqueada pelas calotas glaciais.

A cor da atmosfera

Certamente ficaríamos muito assustados se a cor do céu, de um dia para outro, se tornasse preta, amarela ou verde. Onde quer que estejamos na superfície terrestre, a cor do céu — mesmo que em Tóquio ou em São Paulo ele esteja recoberto por gases poluentes —, será essencialmente azul. Entretanto, no Sistema Solar, encontramos corpos celestes cujo céu pode ser verde, amarelo ou até preto.

Pesquisas realizadas por sondas exploratórias em planetas (ver boxe) mostraram que o céu de Marte é marrom-avermelhado; em Vênus, o céu é amarelado; em Júpiter, é amarelo-acastanhado (hidrogênio, hélio e pouco metano); em Saturno, vai de castanho-escuro a azul-pálido (essencialmente hidrogênio e pouco hélio); e, em Netuno, o céu é azul escuro (sulfeto de hidrogênio).

A luz do Sol, visível ao olho humano, resulta da fusão das sete cores do arco-íris. A luz branca é parcialmente absorvida ou dispersada por vários tipos de materiais da atmosfera, só chegando ao olho humano as cores restantes (não absorvidas ou não dispersadas). O azul do céu na Terra durante o dia se deve à dispersão e reflexão dessa cor em vários locais, alcançando assim o olho humano. A cor avermelhada do céu pela manhã ou à tarde resulta do fato de a cor azul ter sido completamente dispersada, não chegando ao olho humano. No caso, só a cor vermelha não teria sofrido os efeitos de dispersão e reflexão.

A cor do céu na Terra, enquanto a própria atmosfera não absorve a luz, não tem qualquer relação com a sua composição. Os principais elementos que compõem a nossa atmosfera — nitrogênio e oxigênio —, não absorvem a luz, somente a refletem. Os produtos de oxidação do nitrogênio, contidos nos gases de escapamento dos veículos automotores, absorvem a luz, atribuindo uma cor castanho-escura à mistura de fumaça e nevoeiro (*smog*). A absorção, tal como a dispersão, interfere na cor do céu. Desse modo, qualquer céu que não seja negro deve apresentar uma atmosfera.

Quando Yuri Gagárin, primeiro astronauta a orbitar a Terra, observou do espaço a nossa atmosfera, enfatizou a cor azul do céu. A Terra, vista de fora, apresenta-se azul, não apenas devido à espessa atmosfera, transparente e enriquecida de oxigênio, mas também pela existência do oceano profundo. O céu azul pode ser considerado uma "marca registrada" do nosso plane-

Viajantes interplanetários

Em 1971, as naves exploratórias Mars 3 e Mariner 9 realizaram investigações em Marte; em 1974, a Mariner 10 pesquisou Vênus e Mercúrio; finalmente, em 1976, a Viking 1 pousou em Marte. A Voyager 1 passou por Júpiter em 1979 e por Saturno em 1980. A Voyager 2 fez mais: pesquisou Júpiter em 1979, Saturno em 1981, Urano em 1986 e Netuno em 1989.

A sonda Magalhães pesquisou detalhadamente Vênus entre 1990 e 1993. E a sonda Galileo conseguiu a maior aproximação de um asteroide, entre 1992 e 1994. Finalmente, a própria Galileo , em missão especial a Júpiter, iniciou a exploração do planeta a partir de 1995.

ta.

Titã e o "mar" de óleo e gás

O Titã nem é um planeta — apenas um satélite — e, no entanto, apresenta atmosfera. Entre os inúmeros satélites existentes no Sistema Solar, por que somente Titã é provido de atmosfera?

Em 1980 e 1981, as sondas Voyager 1 e Voyager 2 aproximaram-se de Saturno e seus dezoito satélites. Na ocasião, o satélite Titã — décimo quinto, contado a partir do planeta — foi focalizado. Ele tem cerca de metade do tamanho da Terra, isto é, algo entre a Lua e Marte.

Cerca de 50 anos após as observações de Saturno por Galileu Galilei (1564-1642), em 1610, com um telescópio astronômico, Titã foi descoberto como satélite de Saturno. Em 1944, encontraram-se indícios da existência de gás metano nesse satélite. Até aquela época, pensava-se que satélites não apresentavam condições de reter uma atmosfera, portanto a descoberta de metano foi surpreendente.

Até a década de 1970, Titã continuou sendo observado por telescópio, mas considerado apenas um astro misterioso, envolto por uma atmosfera avermelhada rica em metano. As sondas espaciais Voyager 1 e Voyager 2, em sua viagem, analisaram "mais de perto" o satélite. Os resultados estão resumidos a seguir, mas, para maiores detalhes, consulte a referência bibliográfica 14.

Descobriu-se que a atmosfera do Titã, tal como a da Terra, compõe-se principalmente de nitrogênio. Entre outros componentes , também se encontrou metano, que é formado por carbono e hidrogênio, e provém da decomposição de matéria orgânica. Foram encontrados, ainda, outros gases de hidrocarbonetos e moléculas orgânicas simples como o nitril.

O hidrocarboneto é uma molécula composta de carbono e hidrogênio e se apresenta nas formas sólida (asfalto), líquida (petróleo) e gasosa (gás natural). Por outro lado, o nitril é uma molécula que resulta da combinação peculiar entre carbono e nitrogênio, relacionada ao cianeto de hidrogênio, que parece estar intimamente ligado à origem da vida.

A superfície de Titã é muito fria (chega a 180 °C negativos), portanto não ocorre oceano de água líquida, embora possa existir mar formado por outro tipo de substância. Quando ocorrem substâncias originadas pela combinação de moléculas, quanto mais baixa a temperatura, tanto mais difícil será sua desintegração. É possível então que muitas moléculas formadas há bilhões de anos tenham sido conservadas por congelamento.

Por todas essas razões, acredita-se que, embora a gravidade em Titã seja bem menor que a da Terra, tenha havido, ainda, condições para manutenção da atmosfera. Imagina-se também que as nuvens de metano — que são mais frequentes nesse satélite — ocorram a altitudes relativamente baixas. O componente subsequente em abundância é o etano (hidrocarboneto que segue o metano em peso), que provavelmente estaria incrustado na superfície do satélite.

Como a temperatura superficial de Titã fica próxima à de fusão do etano, pode-se imaginar que esteja em formação um imenso oceano de óleo (etano) e gás (metano). Será que, com o esgotamento dos recursos petrolíferos da Terra, estaremos futuramente "importando" hidrocarbonetos de Titã em petroleiros espaciais?

Não se pode supor a existência de vida em Titã com base apenas na ocorrência de hidrocarbonetos e nitril, porém os conhecimentos são ainda muito preliminares, de modo que devemos aguardar as pesquisas futuras.

Capítulo 5

Prospecção de petróleo

Os técnicos em prospecção de petróleo (como é o caso do segundo autor), que objetivam a descoberta de campos de petróleo e/ou de gás, têm que decifrar a história da dinâmica terrestre para saber quando, onde e como se formam esses recursos naturais.

Neste capítulo serão expostas ideias sobre as possíveis relações de causa e efeito entre a origem do petróleo e a dinâmica terrestre.

Superplumas na formação de campos de petróleo

Rochas geradoras

No Cap. 2, discutimos a influência dos fenômenos das "superlumas" e das "plumas frias" tanto nas atividades das placas como nos climas da Terra. Na verdade, as plumas atuam também nas nossas proximidades (superfície da Terra), pois estão profundamente relacionadas à origem do petróleo.

Diferentes teorias já foram apresentadas sobre essa questão. Hoje sabemos que o petróleo e o gás natural têm origem em respectivas rochas geradoras. A perfuração profunda executada na Suécia, citada no Cap. 2, era uma tentativa de comprovar essas ideias.

A rocha geradora contém restos de fitoplâncton, como algas, que escaparam da oxidação e formaram a matéria orgânica com moléculas superiores, que foram incorporadas abundantemente, por exemplo, em folhelhos negros. Quando estes sofrem subsidência (afundamento), atingindo grandes profundidades (milhares de metros), são submetidos a pressões e temperaturas suficientemente altas, e a matéria orgânica é transformada em petróleo. Subsequentemente, o petróleo migra para as rochas porosas situadas nas adjacências; ao se acumular nessas rochas-reservatório, constituem um campo de petróleo. Uma das etapas da prospecção de petróleo consiste, portanto, na procura de rochas geradoras apropriadas.

Entre as condições para a formação de rochas geradoras adequadas citamos o intenso desenvolvimento de fitoplâncton, cujos restos mortais tenham escapado à oxidação, isto é, permaneceram em condições redutoras. As rochas geradoras foram produzidas abundantemente em determinados tempos geológicos, sendo submetidas a relações de causa e efeito coincidentes com as épocas de atividade de superplumas.

As superplumas e a constituição das rochas geradoras

Conforme já visto anteriormente, a orientação de campo magnético terrestre não é estável, tendo ocorrido diversas reversões de polaridades norte e sul em 1 milhão de anos. Além disso, no Cretáceo Médio (112 a 83 milhões de anos), durante 30 milhões de anos, transcorreu uma época especial, em que o campo magnético terrestre não sofreu mudanças, como já foi relatado. A estabilidade do campo magnético do nosso planeta mostra que as correntes de convecção do núcleo externo apresentavam-se muito fortes e as superplumas estavam muito ativas.

A Fig. 5-1 indica que, com a ativação das superplumas, teria ocorrido simultânea elevação do nível relativo do mar, em função do aumento de volume da cadeia mesoceânica. Deve ter havido aumento de temperatura através do efeito estufa, devido ao suprimento de grande volume de dióxido de carbono, fornecido do interior da Terra para a atmosfera. Com isso, as regiões costeiras baixas teriam sido inundadas e os ambientes marinhos rasos tornaram-se muito mais amplos. Juntamente com o dióxido de carbono foram fornecidos, pela mesma fonte, enxofre, nitrogênio e fósforo, que são nutrientes dos seres vivos planctônicos, causando sua multiplicação.

Em consequência, seres fitoplanctônicos, como as diatomáceas, teriam surgido em grandes quantidades nos ambientes marinhos rasos. A decomposição desses fitoplânctons mortos é promovida pelas bactérias, que consomem muito oxigênio. Essa condição manifesta-se, hoje em dia, no efeito maré vermelha, por vezes noticiado pelos jornais. Embora possa haver diferenças de escala entre os eventos atuais e pretéritos, o fenômeno é exatamente o mesmo. Além disso, com a elevação da temperatura, ocorre consequente enfraquecimento das correntes de profundidade ricas em oxigênio, provenientes das regiões polares de altas latitudes. Esse fato contribui na ampliação de zonas de anoxia, onde não ocorre oxidação do fitoplâncton morto e, desse modo, leva à acumulação de grande volume de matéria orgânica, que propicia a formação de rocha geradora.

A Fig. 5-2 mostra o longo período de estabilidade do campo magnético terrestre, no Cretáceo, e o volume de produção da crosta oceânica, como reflexo de atividades vulcânicas, além da relação entre a variação de temperatura e o nível do mar. Como indica a figura, autores como Larson (1992) e Wilson(1993) tiveram a atenção atraída pelo repentino incremento na produção de crosta oceânica (placa) no Cretáceo Médio.

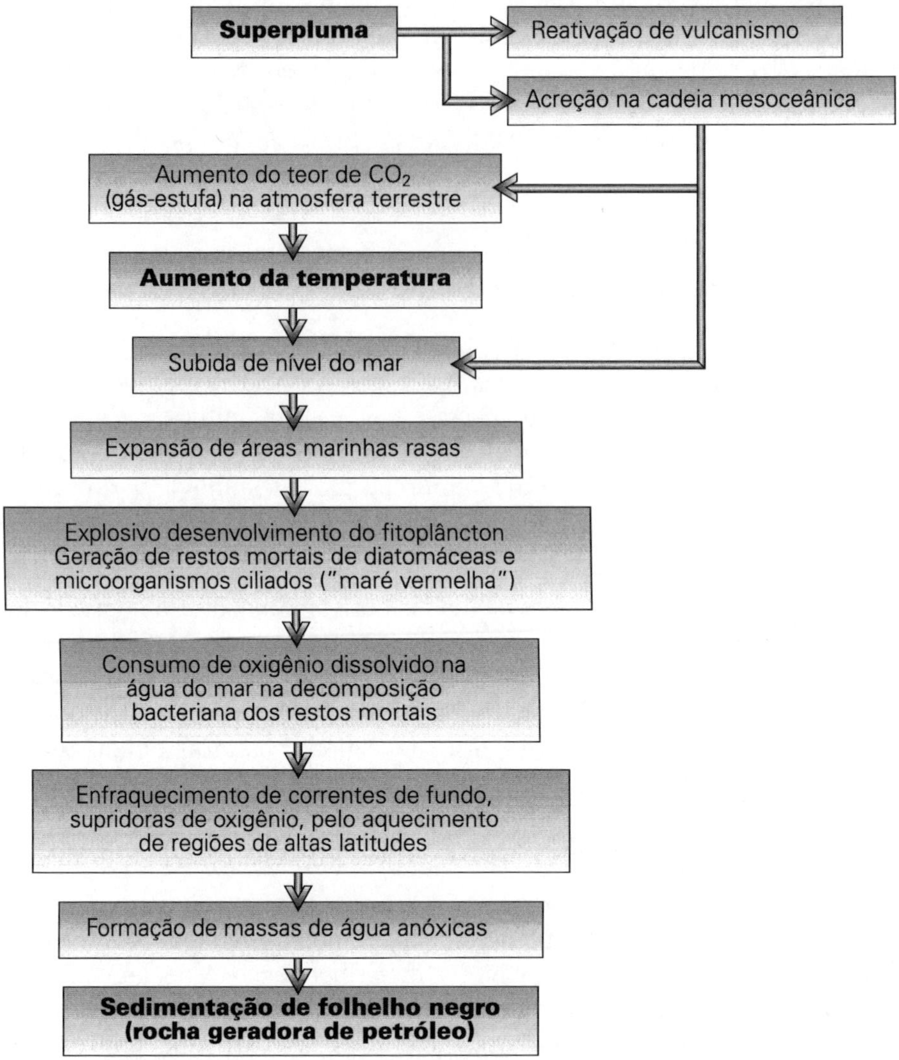

FIGURA 5-1 As superplumas e as rochas geradoras de petróleo. Embora a sedimentação do folhelho negro seja um processo essencialmente supérgeno (superficial), haveria importante participação de fatores de dinâmica interna, como de reativação do vulcanismo e de incremento da cadeia mesoceânica pela atividade de superplumas.

Nota-se perfeita coincidência entre os intervalos de tempo de estabilidade do campo magnético terrestre e a sedimentação de folhelho negro, além dos picos de intensidade das atividades vulcânicas e de altas temperaturas. Verifica-se que, nesse intervalo de tempo, houve também grande incremento no teor de dióxido de carbono na atmosfera. Quanto à altura do mar, parece ocorrer especial correlação entre os períodos de subida do nível oceânico e de estabilidade do campo magnético terrestre (ver boxe).

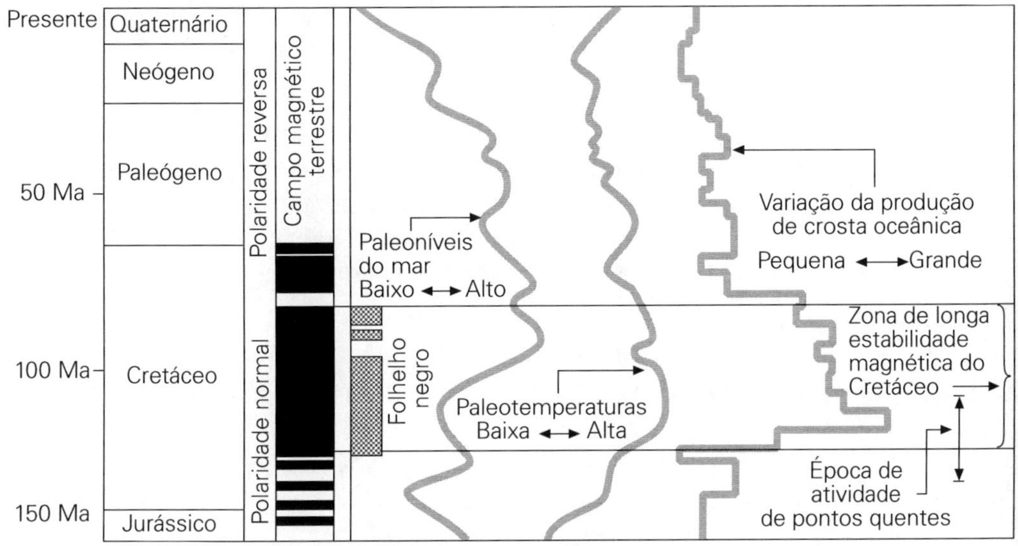

FIGURA 5-2 Relação entre reversões de polaridade, paleoníveis do mar, paleotemperaturas e produtividades crustais. Observar a coincidência da zona de longa estabilidade magnética do Cretáceo com épocas de abundante sedimentação de folhelhos negros. [Fontes: Larson, 1992, e Wilson, 1993.]

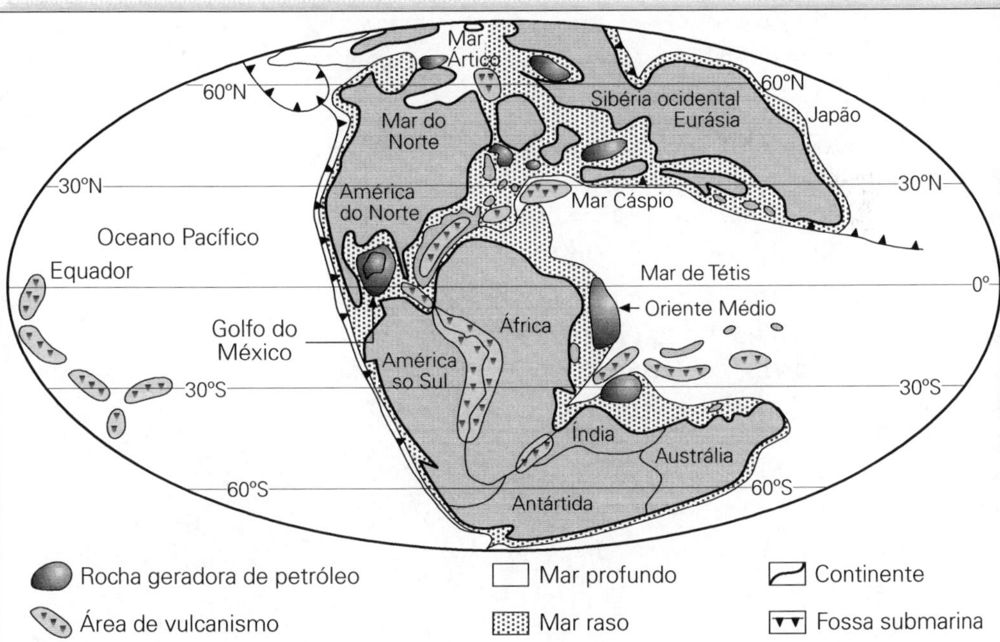

FIGURA 5-3 Distribuição de rochas geradoras de petróleo no Jurássico Superior (há 150 milhões de anos). As distribuições das rochas geradoras coincidem com as áreas de vulcanismo ativo da época.

Cerca de 60% da atual produção mundial de petróleo provém de rochas cretáceas, existindo rochas geradoras compostas de folhelhos negros distribuídas pelo mundo inteiro.

No Jurássico Superior (há cerca de 160 milhões de anos) também se verificou um intervalo de tempo de estabilidade no campo magnético terrestre, com duração aproximada de 10 milhões de anos, quando houve também a formação de rochas geradoras. Nesse caso, nota-se também perfeita coincidência entre o intervalo de estabilização do campo magnético do planeta, isto é, de grande atividade de superpluma, e a formação da rocha geradora de petróleo.

Entretanto, ao longo do tempo geológico, também encontramos exemplos de ocorrência de grandes quantidades de rochas geradoras, formadas durante fases de descida de nível do mar ou formadas em lagunas ou interiores de baías, que localmente podem desenvolver condições redutoras. Nesses casos, a origem do petróleo não poderia ser creditada à atividade de superplumas (veja "Elevação do nível do mar na formação de rochas geradoras", na página 64).

Na Fig. 5-3 vemos a distribuição de rochas geradoras de petróleo na Terra há 150 milhões de anos. Vê-se a posição dessas rochas no Oriente Médio (Golfo Arábico), Mar do Norte, Golfo do México, vizinhanças do Mar Cáspio, noroeste da Índia e Sibéria ocidental. O fato de existirem hoje enormes reservas de petróleo no Golfo Arábico deve-se ao antigo mar epicontinental de Tétis, que existia na posição dos atuais Mar Mediterrâneo e Oceano Índico, que, nas porções internas de circulação mais restrita, apresentavam ambientes redutores (pobres em oxigênio) propícios à acumulação de rochas geradoras.

Regiões formadoras, em grande escala, de rochas geradoras são encontradas quando ambientes redutores de circulação limitada — como os golfos Arábico e do México —, circundados por áreas continentais, coexistiram com superplumas, que promoveram intensas atividades vulcânicas.

O petróleo do Mar do Japão (Província de Niigata) é do Terciário Superior, e se originou quando esse mar apresentava condições de uma baía, entre 15 e 12 milhões de anos atrás, conforme a Fig. 5-4. Nesse caso, postula-se que a influência da superpluma tenha sido pequena mas, também aqui, as atividades vulcânicas foram intensas e os ambientes redutores também estavam presentes.

O nível do mar e a produção de material da placa

A variação no nível do mar é também afetada pela produção de material da placa oceânica. A profundidade da água sobre placas mais jovens é mais rasa que sobre placas mais velhas. Se houver acreção de material crustal em escala global, ocorrerá aumento de área ocupada por placas mais jovens. Não havendo mudança no volume total das águas oceânicas, parte da água perde espaço e o nível do mar sofre ascensão.

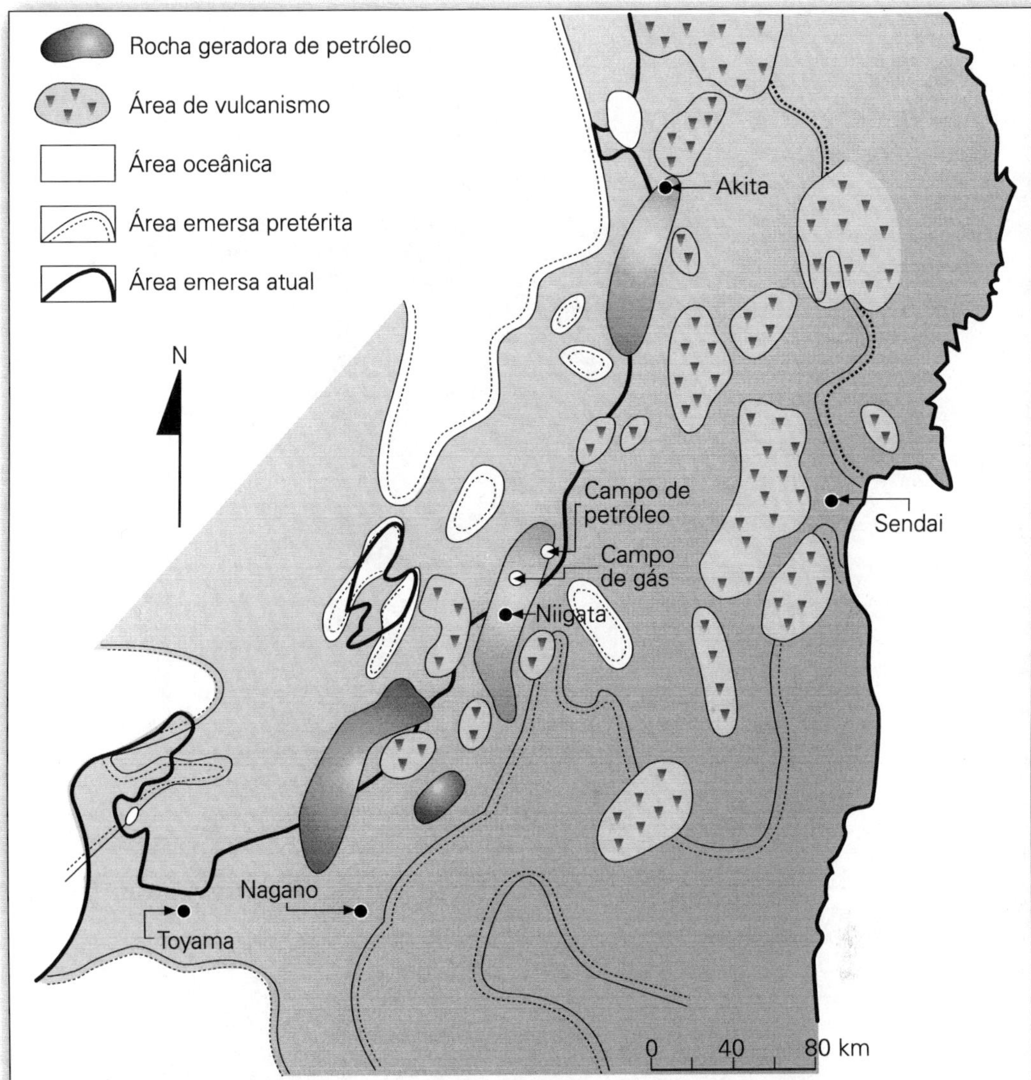

FIGURA 5-4 Distribuição das rochas geradoras de petróleo há 12 milhões de anos, no nordeste do Mar do Japão. Observar a concordância entre a ocorrência dessas rochas e a intensa atividade vulcânica miocênica.

Geração de carvão mineral e gases naturais

As rochas geradoras de gases naturais precisam de condições idênticas às exigidas para a formação de petróleo. Quanto aos tempos geológicos em que se originaram, são principalmente do Terciário, do Cretáceo e do Permiano, também aproximadamente coincidentes com os do petróleo (Fig. 5-5).

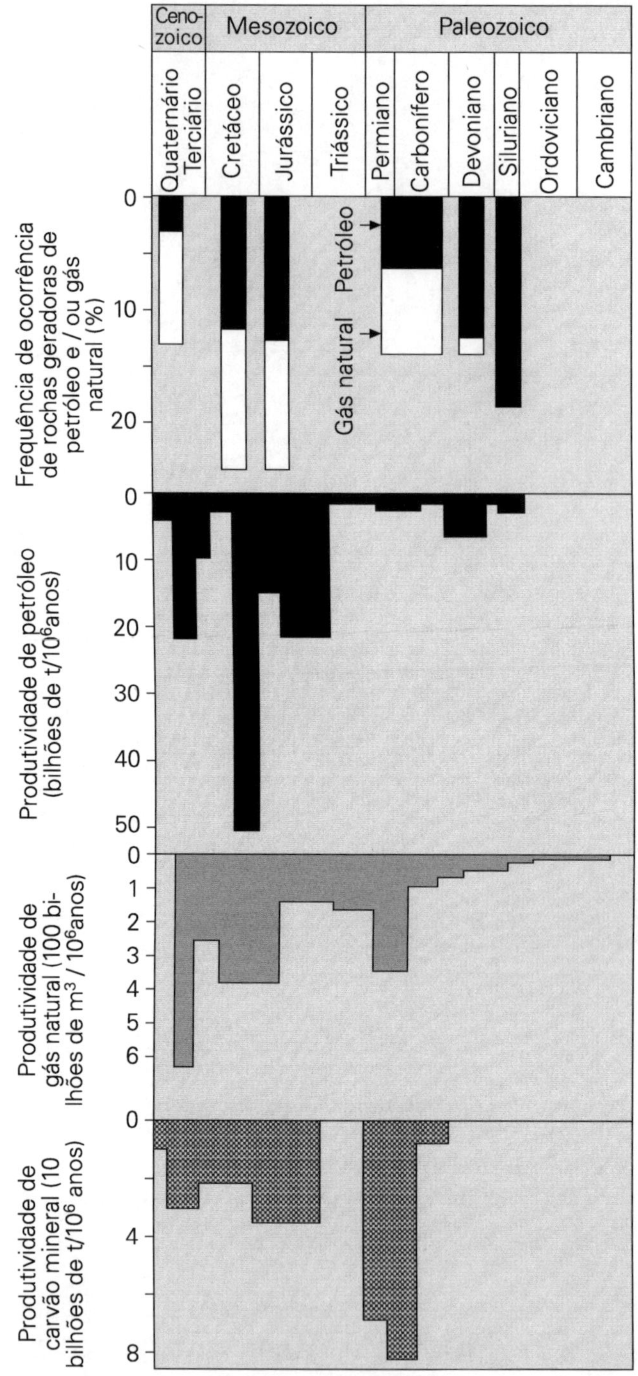

FIGURA 5-5 Produção de recursos energéticos fósseis (petróleo, gás natural e carvão mineral) segundo as diferentes idades geológicas.

Os gases naturais podem ser produzidos das rochas geradoras de gases naturais, mas também podem provir da decomposição térmica do petróleo. Finalmente, há casos de produção de gás metano de origem inorgânica a partir da própria superpluma. A principal distinção entre as rochas geradoras de petróleo e de gases naturais está relacionada à natureza da matéria orgânica; isto é, no primeiro caso, predominam fitoplânctons e, no segundo, principalmente restos de vegetais superiores (árvores, arbustos e gramíneas).

O carvão mineral também é formado por abundante acúmulo de restos de vegetais superiores em zonas pantanosas. Inicialmente, forma-se a turfa, que, em fases mais avançadas de transformação, dá origem ao carvão mineral. As jazidas de carvão mineral ocorrem principalmente entre o fim do Carbonífero e o Permiano (330 milhões a 250 milhões de anos), perfazendo cerca de 95% da produção. Distribuem-se principalmente pelo norte da Europa, região apalachiana da América do Norte, China e na Rússia.

No citado intervalo de tempo houve também momentos de estabilidade do campo magnético terrestre e, analogamente ao petróleo, acredita-se que o papel da superpluma também tenha sido importante na origem do carvão mineral. A atividade da superpluma leva ao incremento de dióxido de carbono na atmosfera com conseqüente aumento de temperatura, criando condições propícias ao desenvolvimento da vegetação.

Mas como explicar, então, a baixa presença de carvão mineral no Cretáceo quando, por 30 milhões de anos, a superpluma tornou-se ativa e o campo magnético terrestre permaneceu estável? Imagina-se que, durante o Carbonífero, tenha havido grande desenvolvimento de vegetação na zona costeira, o que deu origem a espessas jazidas de carvão mineral em áreas mais ou menos limitadas. Enquanto isso, no Cretáceo, as florestas teriam atingido amplamente todos os interiores continentais, formando camadas de carvão mineral mais delgadas, porém extensas.

É possível que os volumes totais de carvão mineral originados nos dois intervalos de tempo geológico mencionados sejam até comparáveis, mas, do ponto de vista da mineração, a eficiência é maior em camadas mais espessas. Desse modo, as jazidas do Carbonífero devem ser mais produtivas. Quando se pesquisa o volume de um recurso natural, torna-se necessário diferenciar entre volume gerado e volume de produção.

De qualquer modo, sem a atividade das superplumas na Terra, grandes volumes de combustíveis fósseis não teriam sido gerados. Dessa maneira, não há exagero em afirmar que a existência atual da indústria petrolífera tornou-se possível graças às atividades desenvolvidas pelas superplumas.

Transformações da rocha geradora

A evolução biológica e as rochas geradoras

De maneira análoga às mudanças que ocorreram nos paleoambientes naturais, introduzidas pela evolução dos seres vivos até o advento dos humanos, a natureza das rochas geradoras também se modificou. Essas transformações mudaram as proporções relativas entre o petróleo e os gases naturais.

Os folhelhos negros do fim do Paleozoico e do Jurássico e Cretáceo da Era Mesozoica foram depositados em paleoambientes pobres em oxigênio. Porém as rochas geradoras de petróleo do Eopaleozoico (cerca de 550 a 400 milhões de anos atrás) foram preferencialmente sedimentadas em paleoambientes mais ricos em oxigênio.

Por exemplo, as rochas geradoras principalmente dolomíticas do Proterozoico Superior (770 a 550 milhões de anos) foram depositadas em paleoambientes marinhos rasos e ricos em oxigênio. Os folhelhos negros cambro-ordovicianos (cerca de 500 milhões de anos) foram também sedimentados em paleoambientes com muito oxigênio. Esses fatos sugerem que a abundância de matéria orgânica não é determinada somente pela riqueza ou pobreza de oxigênio no paleoambiente. A sedimentação de rochas geradoras em paleoambientes pobres em oxigênio ocorreu somente após cerca de 440 milhões a 320 milhões de anos, entre o Siluriano, Devoniano e Carbonífero Inferior.

Acredita-se que as rochas geradoras de épocas ricas em oxigênio teriam se formado porque os seres vivos de então (insetos e moluscos entocados, que se alimentavam de matéria orgânica, e as bactérias, que decompunham a matéria orgânica) não teriam sido capazes de consumir todo o oxigênio e a matéria orgânica, que constituíram as suas fontes de energia. Isso significa que o nível evolutivo dos seres vivos da época, que consumiam o oxigênio e a matéria orgânica, apresentava-se nesse estágio evolutivo.

Alguns insetos atuais, os vermes poliquetos, os anelídeos e os nematoides vivem em ambientes pobres em oxigênio. Embora no início do Paleozoico os moluscos entocados preferissem paleoambientes mais pobres em oxigênio, mais tarde formaram colônias em águas profundas. Modificaram mais eficientemente o padrão alimentar e devem ter evoluído para formas mais adaptadas a ambientes mais oxigenados. Mesmo em relação à evolução das bactérias do Arqueozoico, embora a sua morfologia não tenha sofrido grandes modificações, as funções vitais devem ter evoluído. Desse modo, supõe-se que matéria orgânica presente nas rochas geradoras de paleoambientes ricos em oxigênio tenha sido preservada pelas baixas capacidades de consumo e de decomposição dos seres vivos.

Isso sugere que o teor de matéria orgânica preservada não esteja relacionado somente à produtividade do fitoplâncton. Ele depende, desse modo, do balanço entre a produtividade do fitoplâncton e a capacidade de consumo e de decomposição dos seres vivos.

Há cerca de 320 milhões de anos, a partir do Carbonífero Médio, a matéria orgânica depositada na plataforma continental passou a ser consumida pelos seres vivos. Portanto o oxigênio dissolvido na água do mar tornou-se empobrecido em relação ao teor encontrado na atmosfera. Os folhelhos negros originados entre o Paleozoico Superior e o Mesozoico foram depositados em paleoambientes isolados do mar aberto, de circulação restrita e pobres em oxigênio, com profundidades de cerca de 100 m.

Os folhelhos negros de 70 milhões de anos atrás (Cretáceo Superior) foram sedimentados em mares isolados e profundos. Em mares não isolados, ao invés de folhelhos negros, foram depositadas vasas de globigerinas (foraminíferos planctônicos) com pouca matéria orgânica. A partir dessa época, os foraminíferos tornaram-se mais abundantes e, como se alimentavam de fitoplâncton, ocorreu uma queda acentuada na produção de matéria orgânica.

As diatomáceas, que se desenvolveram no Terciário (entre 65 milhões e 16,5 milhões de anos atrás), contêm 40% de seu peso em gordura, que é um dos alimentos preferidos pelas bactérias, sendo a primeira a ser consumida entre as matérias orgânicas. Desse modo, a abundância de gordura na rocha geradora indica que há boa preservação de matéria orgânica e, portanto, deverá originar mais petróleo. A evolução das diatomáceas também desempenhou papel importante na transformação dos tipos de rocha geradora. A partir do Siluriano, com a expansão e evolução dos vegetais terrestres, novas variedades de matéria orgânica se formaram.

Há até 250 milhões de anos atrás (Permiano), a distribuição dos vegetais limitava-se às regiões costeiras e o tipo de carvão mineral dominante era o linhítico. No Mesozoico, amplas áreas continentais cobriram-se de florestas e surgiram lagos circundados por pântanos. Nesses lagos, pode ter se sedimentado um dos componentes das rochas geradoras, designado alginita, acrescentando nova matéria-prima de petróleo à rocha geradora de gás contendo carvão mineral. A resina das árvores entraram na composição das rochas geradoras de petróleo leve e, nesse caso, o desenvolvimento de florestas de coníferas desempenhou importante papel. Do fim do Mesozoico ao Terciário florestas de coníferas espalharam-se nas altas latitudes e altitudes, e a matéria orgânica recebeu a contribuição de grandes quantidades de resina vegetal.

A parafina (cera) dos vegetais superiores dá origem à fração de óleo chamada leptinita, que também constitui matéria orgânica de origem continental. Ela é uma substância que protege os troncos, as folhas ou os frutos contra lesões ou ressecamento, formando uma película superficial. Do Mesozóico ao Terciário, com a expansão de vegetais de ambientes secos de baixas latitudes e de florestas de ambientes pantanosos, a parafina também se tornou abundante.

Acompanhando a evolução dos seres vivos e dos paleoambientes favoráveis à preservação de matéria orgânica, houve mudanças nos tipos de rocha geradora, modificando-se, em consequência, a qualidade do petróleo gerado. Nesse ponto, fica-se na dúvida se as designações "rochas geradoras de petróleo" e/ou "de gás natural" seriam adequadas.

Elevação do nível do mar na formação de rochas geradoras

Conforme o item "As superplumas e a constituição das rochas geradoras" deste capítulo (página 55), as atividades da superpluma causariam o aquecimento global, com consequente subida do nível do mar e formação de rochas geradoras de petróleo. Naturalmente, para que isso tivesse ocorrido, imagina-se que a disponibilidade de oxigênio no oceano tenha desempenhado um papel importante. Mas a posição latitudinal do continente, que anula o efeito das correntes oceânicas norte-sul, também modifica grandemente a disponibilidade do oxigênio.

Porém os momentos de elevação do nível do mar não correspondem perfeitamente aos intervalos de formação de rochas geradoras. Além disso, as rochas geradoras do Carbonífero Superior, do Permiano Inferior e do Paleógeno foram originadas em períodos de descida do nível do mar. Ainda mais: outras rochas geradoras também têm sido formadas em intervalos de tempo correspondentes às metades anterior ou posterior aos momentos de subida ou descida, não havendo coincidência com os pontos de culminação. Com base nesses fatos, acredita-se que elas possam se originar tanto durante a elevação quanto durante a descida do nível do mar, preferencialmente quando as velocidades foram mais aceleradas.

Houve amplo desenvolvimento de folhelhos negros, relativamente espessos, em ambientes de águas rasas de plataformas continentais. Segundo alguns pesquisadores de Geoquímica Orgânica, esses folhelhos negros de espessura considerável teriam sido acumulados em tempos geológicos relativamente curtos. Eles adotaram a teoria da transgressão rápida de camada anóxica. Pela fotossíntese ou pelo sopro de vento, o oxigênio da atmosfera pode ser facilmente suprido às águas superficiais oceânicas e, por isso, se não ocorrerem eventos demorados e extensos de condições de empobrecimento em oxigênio, não poderá haver eficiente desenvolvimento de grande volume de rochas geradoras.

Aparentemente, a formação de espessas camadas de folhelhos negros em abundância não pode ser explicada simplesmente pelo modelo de transgressão rápida de camada anóxica. A sedimentação desses materiais parece depender de vários fatores, entre eles os relacionados às posições dos continentes e os ambientes de circulação oceânica restrita; e, além disso, provavelmente o balanço entre a produtividade e o consumo de matéria orgânica deve ser importante. Finalmente, os intervalos de tempo de 10 a 30 milhões de anos (que não podem ser considerados curtos) de estabilização do campo magnético terrestre no Mesozoico e momentos de atividade de superplumas devem constituir fatores que não se podem desprezar.

Formação de petróleo e gás natural

O petróleo e os gases naturais são gerados somente após soterramento profundo (alguns milhares de metros) e aquecimento dos sedimentos, em geral de granulação fina e ricos em matéria orgânica. Como a temperatura aumenta com a profundidade, com o soterramento processa-se o aquecimento, que leva à geração do petróleo e de gases naturais.

Após a formação na rocha geradora, os hidrocarbonetos sofrem ação das forças de flutuação e de pressão capilar, migrando para profundidades mais rasas. A estrutura rochosa que retém o petróleo e os gases naturais em migração constitui a trapa (ou armadilha), que deve estar disponível na época e situada na rota de migração desses fluidos. Determinar a época de formação da trapa é mais difícil, mas a definição do momento de geração dos fluidos na rocha geradora é também importante na prospecção petrolífera.

Pesquisas de rochas geradoras têm demonstrado que, no mundo inteiro, petróleo e gases naturais mais antigos que o Carbonífero Inferior (Paleozoico Superior) são muito raros. Grande parte das rochas geradoras parece ter-se originado entre o Permiano Superior e o Jurássico Médio. Esse intervalo de tempo corresponde à Orogenia Herciniana, quando se formaram cadeias montanhosas em escala mundial. Por outro lado, na Península Arábica, na Europa, na área cratônica da Rússia e na região dos Apalaches e Anadarco, na América do Norte, ocorreram subsidências em amplas bacias sedimentares, causando profundo soterramento de sedimentos. Naturalmente, nessas regiões têm sido encontrados gigantescos campos de petróleo e/ou gases naturais.

Além disso, entre 90 e 80 milhões de anos atrás, ocorreu a Orogenia Alpina em escala mundial, correspondente ao tempo geológico denominado Cretáceo Superior. Nessa época ocorreu a formação de 2/3 do petróleo e gases naturais do mundo, em rochas geradoras do Jurássico Superior, Cretáceo Inferior e Médio (Fig. 5-5).

O petróleo e os gases naturais do nordeste do Mar do Japão ocorrem em área restrita. Acredita-se que esses hidrocarbonetos tenham se formado por soterramento "repentino", entre 1,3 milhão de anos e hoje.

Portanto o petróleo que hoje consumimos pode ter idade muito "recente"; a maior parte teria se formado nos últimos 250 milhões de anos. Isso significa que, embora a matéria-prima para geração do petróleo venha sendo fabricada pela Terra há 4,3 bilhões de anos, o petróleo disponível é muito "novo" e representa um preciosíssimo legado. Pode ser o caso de nos perguntarmos se é inteligente esgotar em um ou dois séculos um recurso que leva tantos anos para se formar.

Capítulo 6

Os ambientes e os desastres naturais

Os grandes terremotos e as intensas erupções vulcânicas irrompem repentinamente, sem qualquer aviso. Esses fenômenos representam também evidências de que a Terra está "viva". As anomalias climáticas constituem, por outro lado, mecanismos de autorregulação natural, no sentido de retomar condições de estabilidade. Os eventos de aquecimento e resfriamento globais também representam fenômenos naturais que, em geral, ultrapassam a influência da atual capacidade humana, por mais avançada que seja a tecnologia disponível.

Pode-se vislumbrar a possibilidade de, no futuro, se preverem terremotos e erupções vulcâncias, bem como antecipar e solucionar muitos dos problemas ambientais. Para isso, é necessário compreender com maior precisão os mecanismos de autorregulação natural dessas mudanças dinâmicas da Terra.

Neste capítulo discutiremos esses fenômenos naturais e suas possíveis relações com os mecanismos de autorregulação do nosso planeta.

Terremotos e atividades vulcânicas

Mecanismo gerador de terremotos

Os terremotos de Hokkaido, no sudoeste e na costa oriental (respectivamente em 1993 e 1994), e de Kobe e vizinhanças, em 1995, constituem eventos de grande intensidade ocorridos no Japão naquela década.

O Arquipélago Japonês é formado pela complexa junção de três placas, sendo, portanto, compreensível a ocorrência de tantos vulcões e terremotos. Os terremotos, geralmente causadores de grandes prejuízos materiais e da perda de vidas, são bastante temidos desde a mais remota Antiguidade. Por outro lado, representam também o meio mais eficiente de se conhecer o interior da Terra. Na prospecção de petróleo, por exemplo, o método sísmico, baseado na produção artificial de pequenos terremotos, tornou-se uma técnica praticamente imprescindível.

Em escala mundial pode-se verificar que a posição geográfica dos vulcões ativos e terremotos coincide, em geral, com os limites das placas tectônicas. O Arquipélago Japonês, por exemplo, é seccionado por duas zonas vulcânicas, denominadas do Japão Oriental e do Japão Ocidental (veja a Fig. 6-1 e a referência bibliográfica 2).

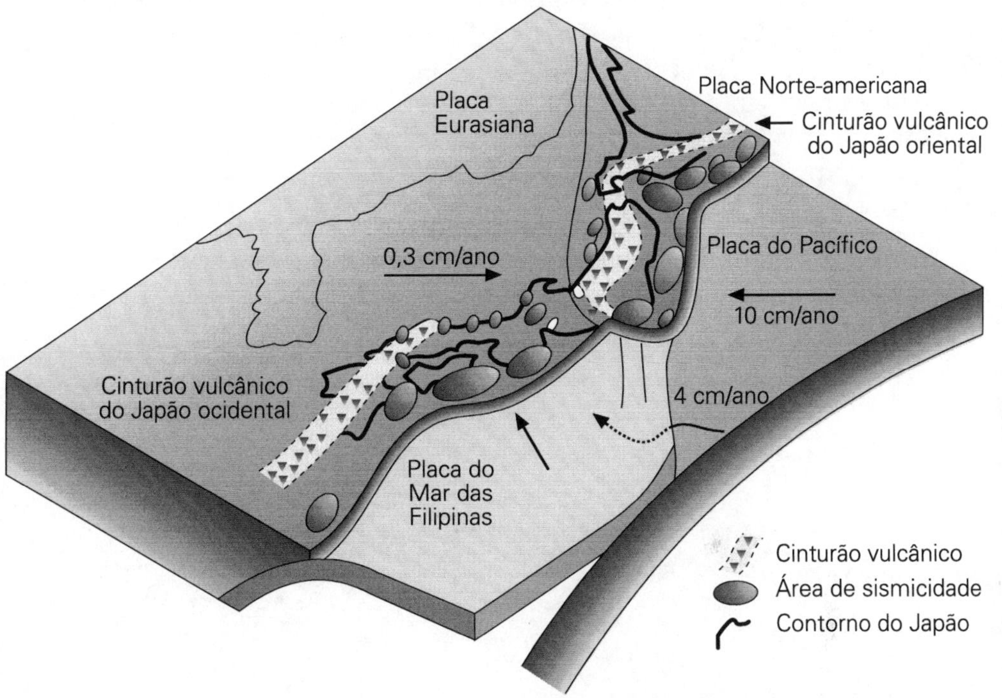

FIGURA 6-1 Áreas de vulcanismo, de sismicidade e de movimentação de placas mais destacadas nas vizinhanças do Mar do Japão. Estão registradas também as velocidades de deslocamento das placas litosféricas associadas. [Fonte: H. Shimamura, 1994.]

Sabe-se hoje que os terremotos são produzidos por atrito entre placas nas zonas de subducção e de curvatura. De fato, em 1994 foram perfurados vários poços (ver boxe) na zona de subducção da placa oceânica da Ilha de Barbados, no Mar do Caribe, tendo-se observado movimentos das placas nessa zona. Segundo dados disponíveis, imagina-se que os terremotos produzidos nas zonas de subducção estejam relacionados à pressão de águas intersticiais e de outras correntes aquosas. Nesse caso, talvez fosse melhor admitir que não são produzidos por atrito, mas por escorregamento de rochas sobre as placas.

Poços do Projeto de Perfuração Oceânica (ODP)

De maio a julho de 1994, como atividade do projeto ODP, foram perfurados vários poços no limite entre as placas do Caribe e da América do Norte. Nos furos 947, 948 e 949, determinou-se a natureza dos materiais da superfície de deslizamento.

Segundo H. Shimamura (referência bibliográfica 2), admite-se que um terremoto é produzido dentro de determinado limite, denominado epicentro. Segundo levantamentos de fundos submarinos ou propecções sísmicas, nos epicentros encontram-se rochas fraturadas e/ou falhadas. O colapso das rochas seria produzido pelo alívio resultante da liberação da pressão de atrito. Excluindo os terremotos de origem vulcânica, não há outros que ocorram fora desses epicentros. Por outro lado, acredita-se que não ocorram grandes terremotos ligados a um mesmo epicentro, a não ser o relacionado ao pós-choque (aftershock). Isso significa que haveria uma área de influência dentro da qual os terremotos ocorreriam em ciclos de algumas décadas a 100 anos.

A placa subsidente torna-se estacionária entre o manto superior e o inferior, a cerca de 670 km de profundidade. Portanto não ocorreriam terremotos gerados a profundidades superiores a essa (Fig. 6-2).

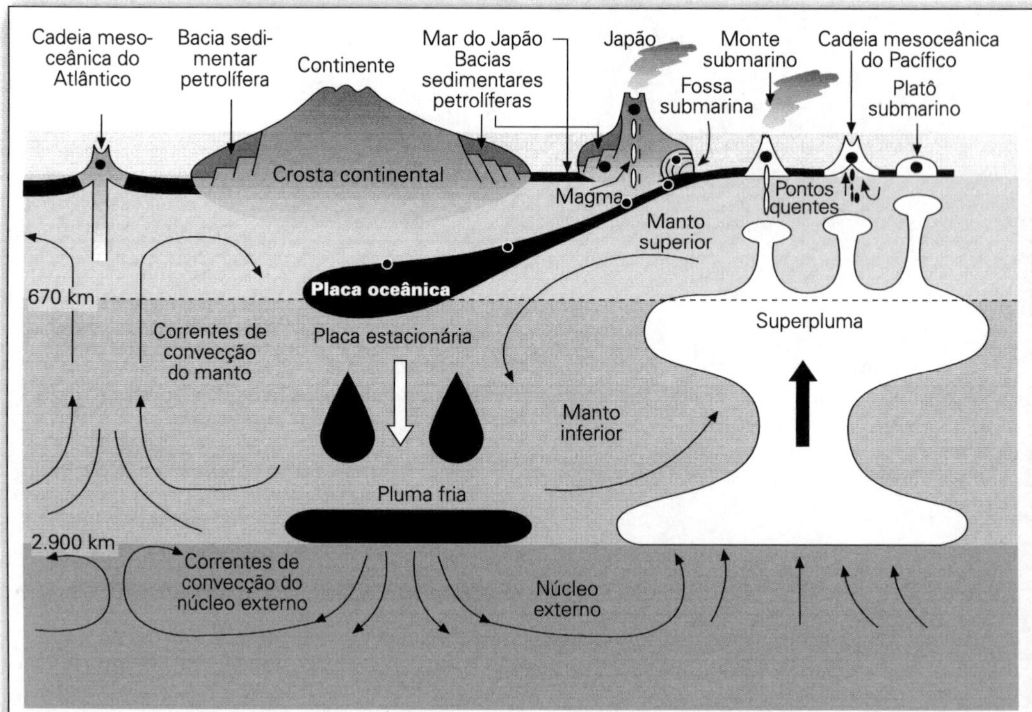

FIGURA 6-2 A dinâmica interna da Terra e sua relação com o vulcanismo e a sismicidade no mundo. O símbolo • indica epicentros (centros de sismicidade).

No Japão, no terremoto de 1994, na costa oriental de Hokkaido, na fossa submarina de Chishima, a placa do Pacífico mergulhou sob a da América do Norte, situando-se o epicentro a 30 km de profundidade. Por outro lado, em junho de 1994, ocorreu na Bolívia um terremoto de magnitude superior a 8,5, correspondente ao maior sismo do século. Entretanto, como o epicentro situava-se a 600 km de profundidade, não houve reflexos físicos (mecânicos) nem estragos, de modo que nem foi noticiado pela imprensa. É possível que esse sismo tenha sido provocado pela placa estacionária sobre o manto inferior, que se converteu em pluma fria e sofreu colapso, constituindo um caso raro e interessante para os sismólogos.

Falha ativa = falha dormente

A falha ativa que mostrou terrível capacidade destruidora durante o terremoto de Hanshin-Awaji (região de Kobe-Osaka), em 1995, vitimou 6.300 pessoas. Mas o que é uma "falha ativa"?

A maioria das falhas existentes no Arquipélago Japonês já se movimentou no passado, mas permanece inativa por algumas centenas de anos. As falhas que, no passado movimentaram-se repetidamente por dezenas de milhares a centenas de milhares de anos, mas permanecem atualmente dormentes, são chamadas de falhas ativas. Elas exibem evidências de movimentações repetidas, embora hoje em dia permaneçam estáveis. Como existe possibilidade de reativação com intervalos de algumas centenas até 1.000 anos, talvez a designação falha dormente fosse mais adequada. A qualquer momento essas falhas podem ser reativadas, produzindo grandes terremotos.

Por maior que seja o deslocamento de uma falha durante um terremoto, não deve ser superior a 10 m. Quando maior que isso, admite-se que a falha tenha se movimentado várias vezes. A falha que provocou o terremoto de Kobe-Osaka, em 1995, mostra um deslocamento de cerca de 1 m, mas em profundidade chega a atingir 3 ou 4 m. Esse pequeno deslocamento foi suficiente para que o sismo atingisse a intensidade de 7,2 e a intensidade de vibração chegasse a 600-800 gal (ver boxe).

Nas proximidades desse terremoto, a falha de Nojima mostrou um deslocamento de 1 km na área submarina norte; uma outra falha de mesma direção, apresentou deslocamento de até 7 km. Acredita-se que esses deslocamentos correspondam à soma de várias movimentações menores ocorridas nas últimas centenas ou milhares de anos.

Gal

Essa unidade exprime a velocidade instantânea dos abalos sísmicos. Corresponde à velocidade de 1 cm/s², e sua milésima parte (1/1.000) chama-se miligal (mgal). Em 1923, no grande terremoto de Kantô (Japão), de magnitude 7,9, foram registradas velocidades instantâneas da ordem de 300 a 400 gal.

Pesquisas em falhas ativas no Arquipélago Japonês demonstram que elas se acham concentradas, conforme já se sabia, no centro do Japão e na área de Kobe-Osaka. Por outro lado, não há muitos dados sobre o número de vezes e as épocas de sua movimentação. Desse modo, para se conhecer bem uma falha ativa, torna-se necessário determinar as frequencias e as épocas de sua movimentação.

Além disso, o sismo centralizado na cidade de Kobe é atribuído a uma falha ativa de transcorrência destral. Nas falhas transcorrentes, os deslocamentos ocorrem obliquamente à direção de compressão. No caso de Kobe, a falha de direção nordeste-sudoeste sofreu uma transcorrência destral. Quando se fica em posição vertical, com um pé em cada lado da falha, ocorrendo deslocamento do pé direito para trás, temos uma transcorrência destral.

Conforme a Fig. 6-3, quando atua uma força compressiva de leste, pela subsidência de placa, a falha de direção nordeste-sudoeste produz transcorrência destral. De modo análogo, a falha de direção noroeste-sudeste (como na Planície de Kantô) sofre uma transcorrência sinistral.

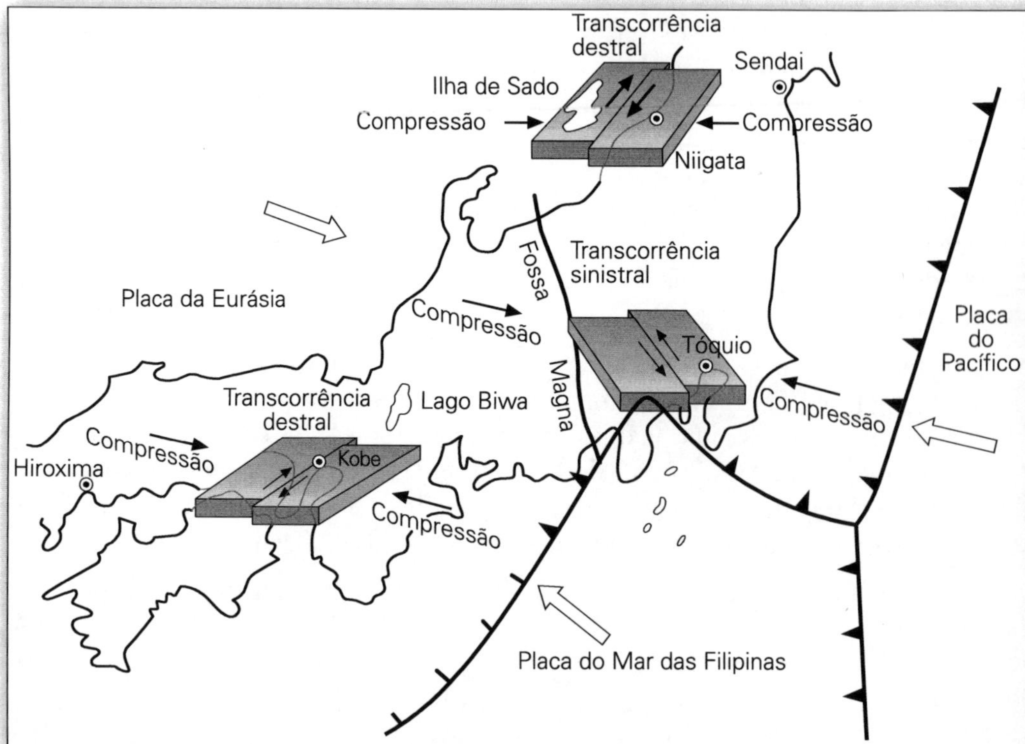

FIGURA 6-3 Movimentação de falhas ativas em áreas de sismicidade mais acentuada no Japão. Observar que essas áreas estão submetidas a compressão e os movimentos resultantes são sempre direcionais (transcorrentes).

No caso do grande terremoto de Kobe-Osaka, é provável que a placa do Pacífico, através do mergulho para leste, tenha influenciado através de compressão leste-oeste. É possível que a placa do Mar da Filipinas tenha participado, mas seu efeito deve ter sido pequeno. Como no centro do Japão e na área de Kobe-Osaka predominam quase exclusivamente falhas ativas de direção nordeste-sudoeste, a transcorrência destral foi a principal.

Supõe-se que na região de Kantô, as falhas ativas exibam principalmente a direção noroeste-sudeste e transcorrência sinistral. Entretanto, como a Planície de Kantô é composta por um tabuleiro soterrado há cerca de 100 mil anos, não se notam vestígios de movimentação de falhas ativas. Em Tóquio, a única falha ativa comprovada é a Falha de Tachikawa. Esta se desenvolve desde a cidade de Kunitachi, na área metropolitana de Tóquio, e se estende ao longo do Rio Tama, passando pelas proximidades das cidades de Tachikawa e Aoume. Há registros de que a Falha de Tachikawa teria sofrido movimentações há 1.800 e há 1.400 anos. Entretanto não se sabe se de fato as falhas ativas são raras ou não na área de Tóquio.

A área de Tóquio situa-se nas proximidades da junção de três placas (Pacífica, Mar das Filipinas e Eurasiana), portanto talvez haja maior possibilidade de ocorrência de sismos relacionados à subducção de placas do que às falhas ativas. Como exemplo, temos o grande terremoto de Kantô, de 1923, cujo epicentro situava-se na Baía de Sagâmi. Imagina-se que grandes sismos como esse, relacionado ao limite de placas, ocorram com frequências de 200 a 700 anos. Portanto é de se supor que esse tipo de terremoto não deverá ocorrer tão logo. Porém, quer esteja relacionado às falhas ativas, quer esteja ligado à subducção de placas, acredita-se que o futuro terremoto de Tóquio deverá desenvolver uma transcorrência sinistral.

Funcionamento dos vulcões

Existem dois tipos principais de vulcão. O primeiro é do tipo encontrado no Arquipélago do Havaí, que recebe influência direta de superplumas; o outro tipo resulta do mecanismo de subducção de placa, como aquele que provoca os sismos. Terremotos e vulcões são, portanto, fenômenos intimamente relacionados. No caso do cinturão vulcânico do Japão, todos pertencem ao segundo tipo.

Com a subducção de placa, quando a temperatura e a pressão atingem valores suficientemente altos, inicia-se a fusão da placa basáltica. No caso, verifica-se forte influência da água do mar, pois o basalto em presença de água atinge seu ponto de fusão a temperaturas relativamente baixas. A fusão tem início na porção enclausurada, que reage com a água, e a lava resultante constituirá a câmara magmática. A profundidade deve situar-se entre 100 a 200 km, e a parte do magma que extravasa até a superfície como lava, por ação da pressão dos gases, formará o edifício vulcânico.

Durante resfriamento pode ocorrer diferenciação magmática, dando origem a magmas de vários graus de viscosidade, que determina o tipo de vulcão. Por exemplo, alguns magmas são ácidos (ricos em sílica) e sua alta viscosidade provoca várias explosões. Quando lavas desse tipo não são acompanhadas de gás, tendem a formar domos vulcânicos. Por vezes, a lava pode se solidificar antes de atingir a superfície, formando dessa maneira a torre vulcânica (volcanic neck). No Monte

Fuken (Japão), encontram-se mais de dez domos vulcânicos que, pelo seu desmantelamento, originaram fluxos piroclásticos.

Os montes Mihara e Oshima, também no Japão, possuem câmaras magmáticas próximas da posição de subducção da placa. O magma basáltico é caracterizado por baixa viscosidade, a erupção tem curta duração e a escala é reduzida. Por outro lado, nos vulcões do Arquipélago de Havaí, relacionados a "pontos quentes" no manto, as lavas são essencialmente basálticas, de viscosidade ainda mais baixa, e portanto extravasam calmamente. Nesse caso, são formados vulcões em escudo (shield volcano). Como se vê, a erupção vulcânica é fortemente controlada pela viscosidade do magma.

O Planalto de Deccan, na Índia, constitui um extenso platô de lava basáltica que extravasou há cerca de 65 milhões de anos (limite entre o Mesozóico e o Cenozóico). Nessa época, ocorreu a extinção dos dinossauros. Como sua área equivale a cinco vezes a Ilha de Honshu, a principal do Arquipélago Japonês, não se pode imaginar que seja produto de um ponto quente relacionado a uma superpluma de escala reduzida. Talvez esteja relacionado a uma gigantesca corrente ascendente do manto, algo diferente das superplumas. Seria esse o terceiro modelo de funcionamento dos vulcões?

Em março de 1979, a sonda Voyager 1 detectou atividade vulcânica em Io, um dos satélites de Júpiter. Diferentemente dos vulcanismos da Terra, Lua, Vênus ou Marte, os vulcões de Io parecem ter expelido enxofre fundido, na forma de dióxido de enxofre (SO_2). Em Tritão, um dos satélites de Netuno, a atividade vulcânica parece estar ligada a nitrogênio ou metano. De certo modo, o material expelido por um vulcão representa a composição interna do corpo celeste.

Como se percebe, esclarecer o funcionamento de um vulcão não é tão simples. Mas temos esperança de que o acúmulo de conhecimentos sobre vulcanismo em outros corpos celestes nos ajudem, algum dia, a prever as erupções vulcânicas.

As dificuldades das previsões de terremotos

No início do século XX, entre os sismólogos dos observatórios japoneses, havia grande expectativa quanto à ocorrência de terremotos em algumas ilhotas do Oceano Pacífico sul (veja a referência bibliográfica 2). Não se sabe quando irão ocorrer, mas, quando acontecer, as ondas sísmicas originadas nas ilhotas alcançarão o Oceano Atlântico e, refletidas, retornarão ao Japão. A estrutura geológica da Cadeia Mesoatlântica poderá ser pesquisada no Japão por esse meio.

As ondas sísmicas percorrem o interior do planeta, tal como uma bola numa mesa de bilhar, podendo-se saber aproximadamente os locais que serão atingidos pelas ondas geradas em determinado ponto.

Nas observações sismológicas, os abalos secundários são mais importantes que os primários (principais), para efeito de informações sobre o substrato rochoso, como sua movimentação, os limites das placas crustais movimentadas, etc. O abalo principal é pontual, mas os secundários podem ser pesquisados em um plano, fornecendo informações mais importantes para os sismólogos. De fato, informações sobre o contorno do limite entre as placas Eurasiana e Norte-americana, no Mar do Japão, ou sobre os movimentos dos substratos rochosos são obtidas pela análise dos abalos secundários. Será que o avanço das pesquisas sismológicas e vulcanológicas nos possibilitarão prever terremotos e erupções vulcânicas?

Uma previsão de que certa falha ativa sofrerá movimentações em intervalos de tempo de 700 a 1.000 anos não pode ser considerada uma verdadeira previsão sísmica! Talvez possamos prever aproximadamente a intensidade e o local de ocorrência de um grande terremoto. Entretanto, se nos for perguntado sobre o momento de ocorrência, qualquer prognóstico pode envolver incertezas de até 1.000 anos e, mesmo o mecanismo de funcionamento, ainda está por ser esclarecido.

Há 30 anos, muitos sismólogos acreditavam que, com o progresso da informática e o acúmulo de informações, a previsão seria possível. Nesse tempo, ocorreu de fato um notável avanço nos computadores, mas o progresso no estudo dos sismos e vulcões tem conduzido a realidades e problemas antes inimagináveis. Ainda hoje não estão esclarecidas as condições necessárias para que esses fenômenos se manifestem e poucos especialistas acreditam no prognóstico de terremotos.

Na verdade, mesmo sabendo que a pressão interna estava aumentando na zona sísmica (earthquake nest), na região costeira da Ilha de Hokkaido, não foi possível prever os terremotos de Kushiro em 1993, de sudoeste de Hokkaido em 1993, nem o de leste de Hokkaido em 1994. Além disso, no caso do terremoto de 1995, em Kobe, atribuído a uma falha ativa, nenhuma providência poderia ter sido tomada.

Portanto os habitantes do Arquipélago Japonês, onde ocorre subducção de diversas placas, são obrigados a conviver com os terremotos e vulcões ativos, sujeitando-se aos desígnios da natureza e, ao mesmo tempo, esforçando-se no combate aos efeitos desses desastres naturais.

A Terra "viva" – teoria da entropia da Terra

A implacável energia solar

Terremotos e vulcões causam grandes prejuízos aos seres humanos. Segundo noticiário do National Geographic Channel (07/11/2002), cerca de 1,5 milhão de pessoas morreram em terremotos durante o século XX. Entretanto, quando encaramos esses fenômenos em escala terrestre (planetária), vemos que as energias envolvidas não chegam a ser tão grandes (Fig. 6-4).

Segundo Y. Hamano (referência bibliográfica 5), se convertermos em eletricidade a energia dissipada na ocorrência dos terremotos dos últimos 100 anos, teremos 20 bilhões de watts por segundo (W/s). Já a energia despendida pelos vulcões seria bem maior, correspondendo a 1 trilhão de W/s.

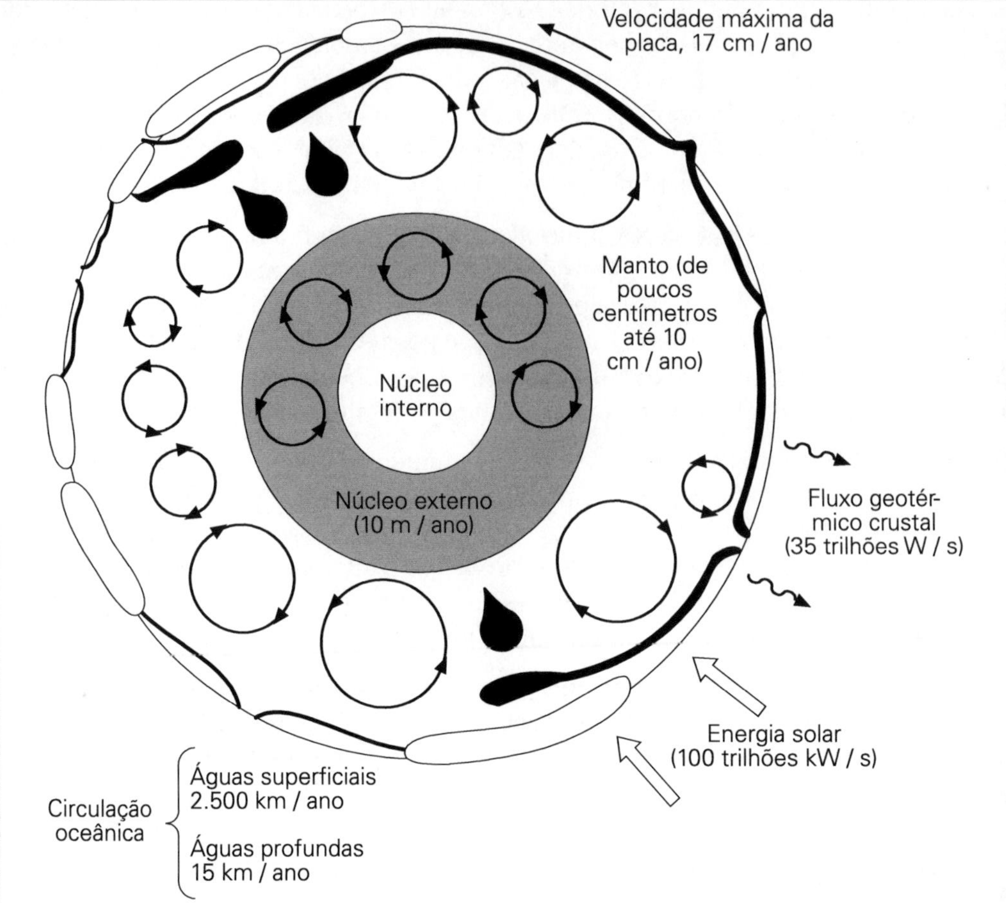

FIGURA 6-4 Formas e intensidades da energia envolvida na dinâmica terrestre (interna e externa). Elas dão origem às correntes de convecção, que efetuam as transferências de energia. Para comparação: energia consumida por um ser humano, 120 W/s; energia de um terremoto, 20 bilhões de W/s; energia de vulcanismo, 1 trilhão de W/s.

O consumo individual de energia pelo ser humano é de cerca de 120 W/s. Portanto, sendo a população da Terra de 6 bilhões de habitantes, o consumo seria de 720 bilhões de W/s. Isso corresponde a 32 vezes a energia dos terremotos. Se a população humana atingir 10 bilhões de habitantes, o consumo de energia será superior à energia dissipada pelos vulcões.

Por outro lado, as crostas continentais e oceânicas também liberam calor (ver boxe), embora de forma não tão evidente como os vulcões. A energia interna da Terra é gasta em correntes de convecção do manto e, sendo conduzida às placas, exala a cada segundo calor correspondente a 35 trilhões de W.

Entretanto a energia solar recebida pela Terra não encontra termo de comparação. Cerca de 2/3 da energia solar são absorvidos pela atmosfera e pelos oceanos ou

Liberação de calor do manto

A movimentação das placas ocorre para liberação de calor do manto. Este se deve ao calor primário da Terra e ao calor gerado pela constante desintegração de elementos radioativos (^{235}U, ^{232}Th e ^{40}K).

são utilizados pelos seres vivos; apenas 1/3 é refletido e volta ao espaço cósmico. A energia solar consumida na superfície terrestre, convertida em eletricidade, resulta na cifra astronômica de 100 trilhões de quilowatts por segundo (kW/s), que corresponde a 2.700 vezes a soma de toda a energia de todos os vulcões, terremotos e do interior da Terra!

A energia solar compõe-se de ondas eletromagnéticas, que compreendem os raios gama, raios X e raios ultravioleta de ondas curtas e radiações visíveis, além de raios infravermelhos e ondas elétricas de comprimentos de onda mais longos. Os raios infravermelhos possuem ondas longas e são absorvidos pelo dióxido de carbono e vapor de água da atmosfera, aquecendo a superfície terrestre e produzindo o efeito estufa.

Quando ainda não havia seres vivos sobre a Terra, estima-se que a luminosidade do Sol era cerca de 20% menor do que a atual. Se a atmosfera tivesse naquela época a mesma composição que hoje, certamente a Terra ficaria congelada e os seres vivos não teriam sido gerados. Entretanto o teor de dióxido de carbono na atmosfera era alto e, em consequência do efeito estufa, a Terra não sofreu congelamento. De fato, não foram encontradas evidências de glaciação anteriores a 2,7 bilhões de anos.

Com o tempo, a atividade do Sol foi incrementada, o que levou à origem dos seres vivos e ao consumo de dióxido de carbono atmosférico. O dióxido de carbono foi consumido em grandes quantidades na formação de calcário (veja a Fig. 4-3) e, como consequência, ocorreu arrefecimento do efeito estufa. Desse modo, os oceanos transformaram-se em meios apropriados à vida. Entretanto, mesmo o efeito implacável da energia solar só atua superficialmente, sem atingir as profundezas da Terra. A escuridão e a temperatura mais baixa no interior de um túnel, por exemplo, devem ser atribuídas à ausência de radiações visíveis e de raios infravermelhos. Mesmo nos oceanos, a luz só alcança cerca de 100 m de profundidade.

Um gigantesco motor térmico

Entre o núcleo interno da Terra, com mais de 4.000 °C de temperatura, e o núcleo externo, existe uma diferença de temperatura de algumas centenas de graus centígrados. Para anular esse gradiente térmico, a energia térmica é transformada em energia motriz no núcleo externo, produzindo correntes de convecção com velocidades de até 10 m/ano. Na Fig. 6-4 estão representadas as correntes de convecção colunares.

Sendo o ferro o componente essencial do núcleo externo, ele forma correntes de convecção que, em conjunto com a rotação da Terra, produz eletricamente o campo magnético terrestre (veja “Testemunhos da deriva dos continentes” no Cap. 3, página 33). A orientação e a intensidade desse campo magnético não são regulares, alterando-se segundo as forças das correntes de convecção.

Entre o núcleo externo e o manto ocorre um balanceamento térmico e, pelo mesmo princípio, há produção de correntes de convecção no manto. Entretanto, como a viscosidade do manto é alta, a velocidade da corrente de convecção é de apenas alguns centímetros por ano.

A placa situada sobre o manto também sofre influência das correntes de convecção e apresenta movimentação. Mas pode exibir subducção em fossas submarinas e, frequentemente, as velocidades são superiores às das correntes de convecção do manto. Medições realizadas na placa de Nazca, no Oceano Pacífico, registraram 17 cm/ano de velocidade máxima (veja a Fig. 3-1).

Embora sem relação direta com as correntes de convecção do interior da Terra, as águas oceânicas e a atmosfera também realizam circulação de energia térmica por correntes de convecção. A produção dessas correntes aquáticas e aéreas é causada pela energia solar e pela rotação da Terra.

Existem três tipos de circulação oceânica: de águas superficiais; de águas intermediárias; e de águas profundas.

Circulação de águas superficiais. Ocorre em profundidades de até 1.000 m, sendo realizada pelas correntes oceânicas, como em Oyashio e Kuroshio, no Japão. Essas correntes estão relacionadas aos gradientes de temperatura e salinidade das águas, além dos ventos. A velocidade dessas correntes pode chegar a 2.500 km/ano.

Circulação de águas intermediárias. Surge entre 1.000 e 3.000 m de profundidade.

Circulação de águas profundas. Desenvolve-se a mais de 3.000 m de profundidade, segundo medições executadas desde a costa da Groenlândia, desce pelo Oceano Atlântico rumo ao sul e passa para o Oceano Pacífico (ver boxe). Momentaneamente, assume características de uma corrente oceânica, seguindo para o norte do Pacífico, até chegar novamente à Groenlândia. Com uma velocidade de 15 km/ano, completa uma volta em 4.000 anos.

A temperatura média atual do interior da Terra, conforme já mencionado, é de cerca de 4.000 °C e funciona como energia motora da Terra. Essa temperatura média diminuiu cerca de 300 °C em 4,6 bilhões de anos, resfriamento que continua em curso atualmente. À medida que a temperatura superficial diminui, a Terra funciona como um gigantesco motor térmico.

Circulação de águas profundas

As duas regiões onde ocorre descensão de águas superficiais mais pesadas, em grande escala, encontram-se a leste da Groenlândia e no Mar de Waddell, na Antártida. As águas profundas da Groenlândia precisam de 4.000 anos, desde a descensão até a sua chegada ao norte do Oceano Pacífico. Segundo dados obtidos na Groenlândia oriental (1993), sabe-se que a entrada das águas profundas do Oceano Atlântico norte, hoje em dia observada, teve início há cerca de 13 milhões de anos.

A pequena engrenagem humana

Ao utilizar a energia térmica, tanto os "motores térmicos" quanto os seres vivos produzem um rejeito denominado entropia. No caso dos seres vivos, o aumento de entropia implica em acúmulo de rejeitos no corpo, podendo conduzir à morte. Quem sofre de doença dos rins, por exemplo, não consegue eliminar o rejeito produzido e necessita de um rim artificial para executar a hemodiálise ou submeter-se a um transplante, para continuar vivendo.

Os seres vivos possuem uma série de ciclos e a entropia gerada pelo funcionamento de um deles é repassada ao vizinho, Finalmente, a vida é mantida pela eliminação do último refugo. A Fig. 6-5 representa o exemplo do ciclo do ácido tricarbônico bioquímico, que decompõe a glucose (veja a referência bibliográfica 4).

Por outro lado, no caso do nosso planeta, o calor do núcleo interno gera correntes de convecção no núcleo externo, dissipando assim a energia térmica e aumentando a entropia. Desse modo, o fluxo térmico crustal, o terremoto gerado pela dinâmica das placas e o vulcanismo podem ser considerados formas de entropia. Apesar disso, o fato de a Terra não ter sofrido "morte térmica" pode ser explicado pela existência de um mecanismo de dissipação, que evita o aumento indefinido da entropia.

Por exemplo, as correntes de convecção atmosféricas absorvem o excesso de calor da superfície terrestre e ascendem, acabando por dissipá-lo, pela circulação atmosférica, no espaço cósmico. A água absorve calor para evaporar e, inversamente, perde calor quando se precipita na forma de chuva, granizo ou neve, voltando à superfície terrestre (ciclo hidrológico). As plantas verdes, por sua vez, dão origem ao oxigênio pela fotossíntese; através da respiração, expelem dióxido de carbono e água e , pela evapotranspiração, perdem a entropia (ciclo vegetativo). Desse modo, o rejeito da entropia da energia solar desempenha um papel muito importante. Sob esses pontos de vista, a Terra e os seres vivos são semelhantes ou, em outras palavras, a Terra está "viva".

O ser humano, do mesmo modo que os outros seres vivos, está incorporado no grande ciclo da Terra. Sem entrar no mérito da necessidade ou não de sua presença no planeta, o ser humano não deveria atuar no incremento inútil e prejudicial da entropia, colaborando na destruição do "miraculoso equilíbrio" dos ciclos naturais. Entre as maiores entropias geradas pelo ser humano está o lixo radioativo, que constitui o pior refugo produzido na Terra e que ainda subsistirá por dezenas de milhões de anos!

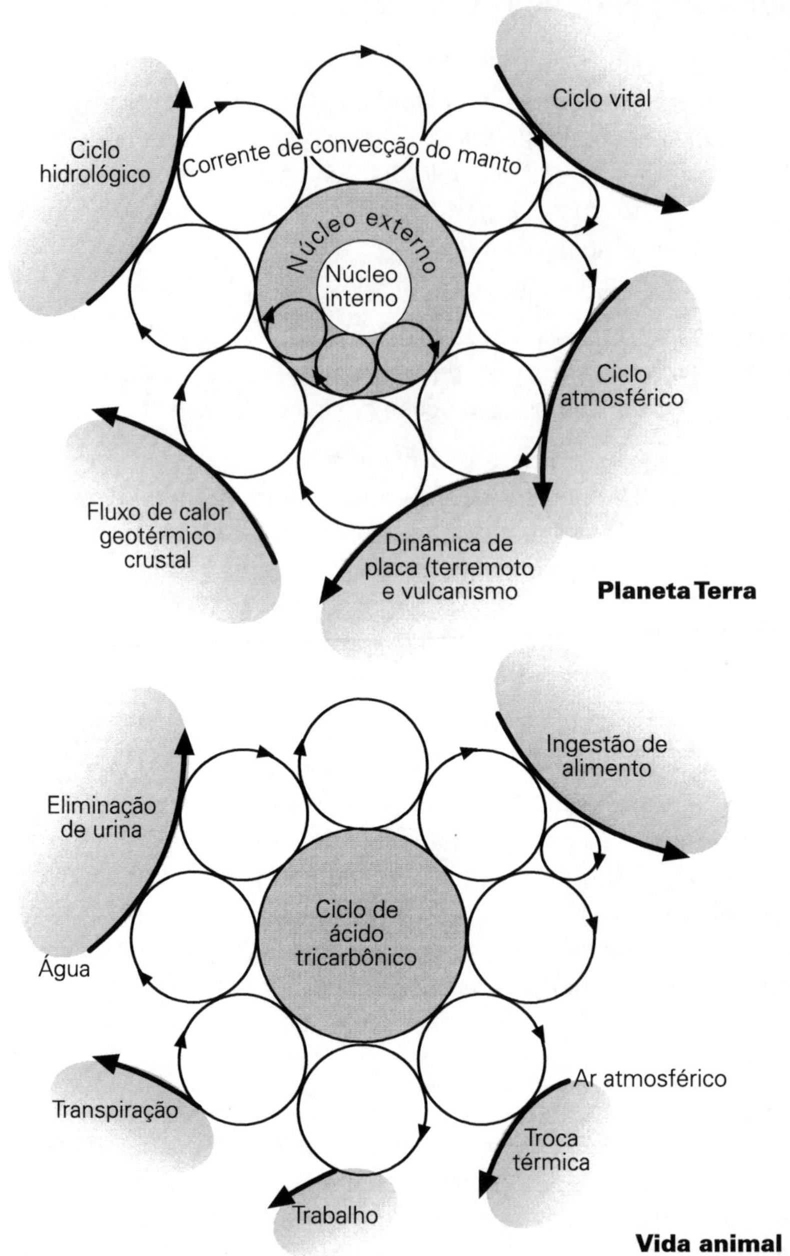

FIGURA 6-5 Sob o ponto de vista da entropia, o nosso planeta e os organismos vivos (vegetais e animais, inclusive os seres humanos) são análogos. Por essa óptica, a Terra também pode ser considerada um ser vivo.

Mudanças climáticas: autorregulação entrópica?

A maior anomalia climática

Sabemos hoje que, durante a longa história da Terra, imensas geleiras recobriram os continentes e os oceanos, a partir dos polos, por diversas vezes. Na atualidade, as geleiras ocorrem principalmente nos polos, de forma que somos levados a pensar que essa é uma situação natural, que sempre existiu. Entretanto esses momentos não foram tão frequentes na história do planeta; na realidade, os períodos glaciais representam anomalias climáticas máximas.

Evidências de períodos frios no passado são encontradas no mundo todo, representadas por depósitos glaciais e flúvio-glaciais, contendo matacões e substratos rochosos com claros sinais de abrasão glacial. Os mais antigos depósitos sedimentares glaciais encontram-se nas proximidades do Lago Huron, no Canadá, com idades variáveis entre 2,7 e 1,8 bilhões de anos.

Depósitos glaciais mais recentes que os citados têm 940 milhões de anos. A seguir, vêm os depósitos ligados ao supercontinente de Gondwana, com idades entre 770 e 615 milhões de anos. Em depósitos sedimentares de 440 milhões de anos (Ordoviciano Superior ao Siluriano Inferior) há intercalações mais raras de depósitos glaciais.

Entre 370 e 250 milhões de anos também ocorrem depósitos glaciais relacionados ao supercontinente de Pangeia. Esses depósitos sedimentares, datados entre o Devoniano Superior e o Permiano, apresentam diversas evidências de que o paleonível do mar era baixo no mundo inteiro. O outro supercontinente dessa época, o Gondwana, ao sul do Pangeia, também foi alcançado por extensas geleiras (veja a Fig. 6-6 e a referência bibliográfica 13).

O estudo de depósitos glaciais antigos indica que o período glacial não exibiu somente paleoclimas muito frios, havendo evidências de intercalações de intervalos de tempo de paleoclimas bem mais amenos. Hoje em dia, vivemos num desses intervalos de aquecimento, denominados períodos interglaciais. Dados geológicos obtidos na área oceânica entre a Noruega e a Groenlândia levam a pensar que a atual glaciação teve início há cerca de 12 milhões de anos. Em relação à maior calota glacial do hemisfério norte, representada pela Groenlândia, informações geológicas oriundas de perfurações a sudeste da área, dão conta de que a glaciação teria se iniciado há 7 milhões de anos.

O período glacial entre 7 a 6 milhões de anos, ao que parece, foi mais ou menos intenso, tendo causado expansão da calota antártica. Coincide também com um período de abaixamento de paleonível do mar em escala global. Desse modo, o Mar Mediterrâneo isolou-se do Atlântico e grandes volumes de depósitos evaporíticos de halita e gipsita se formaram. Além disso, entre 3 e 2,7 milhões de anos atrás, houve outro período glacial, após o qual, teria ocorrido aquecimento e posterior glaciação (há cerca de 800 mil anos), chegando ao atual período interglacial (Holoceno).

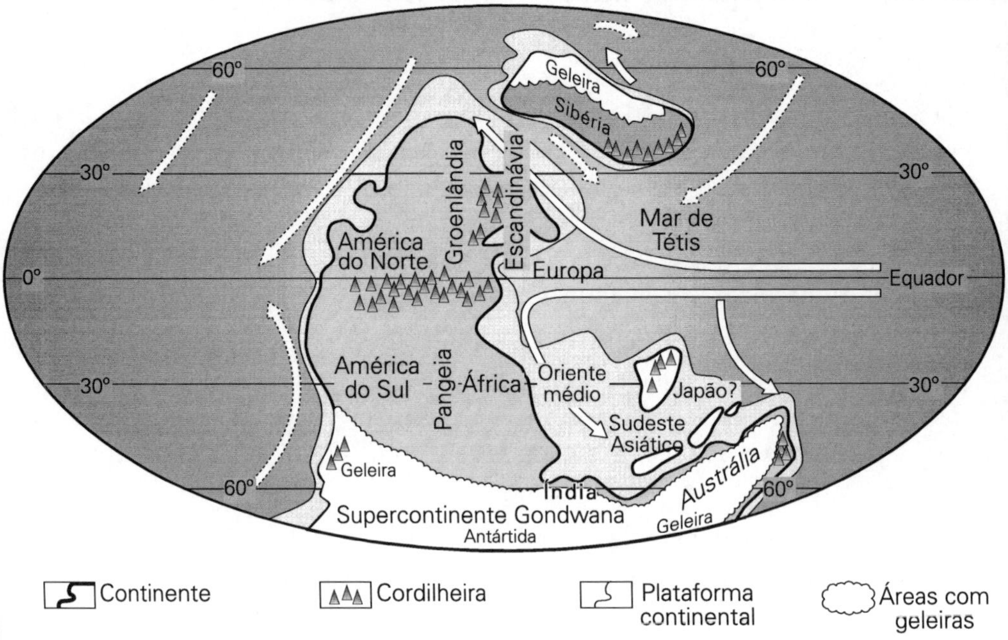

FIGURA 6-6 Paleogeografia do Período Permiano (há cerca de 200 milhões de anos), quando grandes áreas continentais foram afetadas por intensas e extensas glaciações. [Fonte: *The historical atlas of the Earth*, 1996.]

Os congelamentos e degelos causaram grandes flutuações nos paleoníveis do mar em todo o planeta. Através da medição das razões isotópicas de oxigênio ($^{18}O/^{16}O$) de foraminíferos planctônicos (microfósseis de protozoários marinhos), foram estimadas as variações nos tamanhos das geleiras durante os últimos 30 milhões de anos. Sabe-se por exemplo que, entre 20 mil e 100 mil anos, os paleoníveis do mar podem ter variado entre 10 a 100 m.

Na verdade, nunca houve completa estabilização do paleonível do mar. De fato, hoje em dia vem subindo muito lentamente. Segundo maregramas (referência bibliográfica 15), nos últimos 65 anos teria ocorrido uma elevação de 2,5 cm nas costas do Japão. Como seria de esperar, essas cifras apresentam grande discrepância, pois muitas são as causas que afetam com diferentes intensidades os diversos locais. Na costa do Brasil, por exemplo, as taxas de subida de nível do mar, segundo dados maregráficos das últimas décadas, oscilam desde 5 cm/século (em Imbituba, Santa Catarina) até 126 cm/século (na Ilha Fiscal, no Rio de Janeiro). O Intergovernmental Panel on Climate Change (IPCC) 2001, com base em 35 modelos de prováveis cenários, prevê uma elevação do nível relativo do mar, em escala mundial, de 9 a 88 cm até o ano 2100.

Nos últimos 18.000 anos, o nível do mar teria subido, em geral, mais de 100 m, em escala mundial. Um pesquisador estudou formações geológicas dos últimos 2 milhões de anos e concluiu que o paleonível do mar chegou a variar 150 m. Sabe-se também que a taxa de variação foi, em média, de 1cm/ano. Quando mudanças desse tipo ocorrem mais ou menos repentinamente, podem ocasionar modificações na geomorfologia costeira e nos padrões de circulação das correntes costeiras. Finalmente, as variações no tamanho das geleiras interferem nos climas da Terra.

Tendência terrestre ao resfriamento

Uma questão muito discutida hoje diz respeito ao aquecimento global do nosso planeta, em função do incremento do efeito estufa, que seria produzido principalmente pelo dióxido de carbono. As medidas para o enfrentamento desse problema constituem um verdadeiro teste à criatividade do ser humano. Entretanto, em que pese a gravidade do evento, de amplitude planetária, parece não ter ainda atingido níveis realmente alarmantes.

Pesquisas pormenorizadas dos registros geológicos dos últimos 2 milhões de anos mostram que os períodos glaciais e interglaciais da Terra repetiram-se em ciclos de cerca de 100 mil anos. Nesses intervalos de tempo, encontramos intercalações de curtos períodos interglaciais (10 mil anos). Como a última fase de expansão das atuais geleiras terminou há cerca de 10 mil anos, pode-se supor que haja uma tendência moderna ao resfriamento global. Porém, como se trata de um fenômeno natural que ocorre lentamente, não deve contribuir decisivamente neste processo. Aparentemente, o aquecimento global por dióxido de carbono, de origem antrópica, é muito mais rápido. A partir de modelos climáticos e de circulação geral (que levam em consideração o incremento de gases-estufa na atmosfera), o IPCC (2001) estimou que a temperatura superficial da Terra — atualmente de cerca de 15 °C —, deverá elevar-se de 1 a 3,5 °C até o ano 2100.

Admite-se que o citado ciclo de mudança climática, de cerca de 100 mil anos, esteja ligado às oscilações na intensidade de insolação da Terra, devidas à rotação e às diferenças de inclinação de seu eixo. Essas variáveis estão incluídas no ciclo de Milankovitch, nome dado em homenagem ao matemático, astrônomo e meteorologista iugoslavo que apresentou a teoria. Entretanto, o ciclo de mudança de forma da órbita terrestre, que constitui a base da teoria de Milankovitch, sofre influência da excentricidade da órbita, que apresenta ciclos de 410 mil a 106 mil anos.

Embora se possa acreditar que mudanças paleoclimáticas sejam explicáveis pela teoria de Milankovitch, a origem das glaciações ainda não está perfeitamente esclarecida. Entre os vários ciclos de mudanças paleoclimáticas, alguns são maiores que os citados e, desse modo, os aquecimentos globais devidos à reativação das superplumas podem ser produzidos com intervalos de 30 milhões a 400 milhões de anos!

Origem do período glacial

Qual seria a verdadeira origem do período glacial? A resposta a essa questão talvez explicasse por que a Terra apresenta hoje um clima relativamente ameno e aprazível! Infelizmente, porém, no momento ainda nos faltam dados mais concretos para a resposta.

Os cientistas acreditam que uma das possíveis explicações do atual período glacial da Terra esteja na situação geográfica, especialmente na posição relativa dos continentes entre si e dos pólos, que desempenhariam um papel fundamental. Conforme discutido no Cap. 4 ("Influência dos continentes e das correntes oceânicas sobre o clima", página 47), o padrão climático da Terra é fortemente influenciado pela distribuição e pela área dos continentes.

Por exemplo, nos primórdios da Era Mesozoica, a maior parte dos continentes se concentrava em áreas de baixas latitudes e os oceanos se estendiam amplamente do Polo Norte ao Polo Sul (veja a Fig. 6-7 e a referência bibliográfica 13). Nessas condições, as correntes oceânicas fluíam do Equador para os polos como correntes quentes e, contrariamente, como correntes frias rumo ao Equador. Esse padrão de circulação diminuía a diferença de temperatura entre as regiões polares e as equatoriais, de modo que a Terra do início da Era Mesozoica não apresentava geleiras. Por outro lado, o continente antártico é hoje circundado por correntes frias e acha-se isolado de qualquer contato com áreas de climas mais quentes.

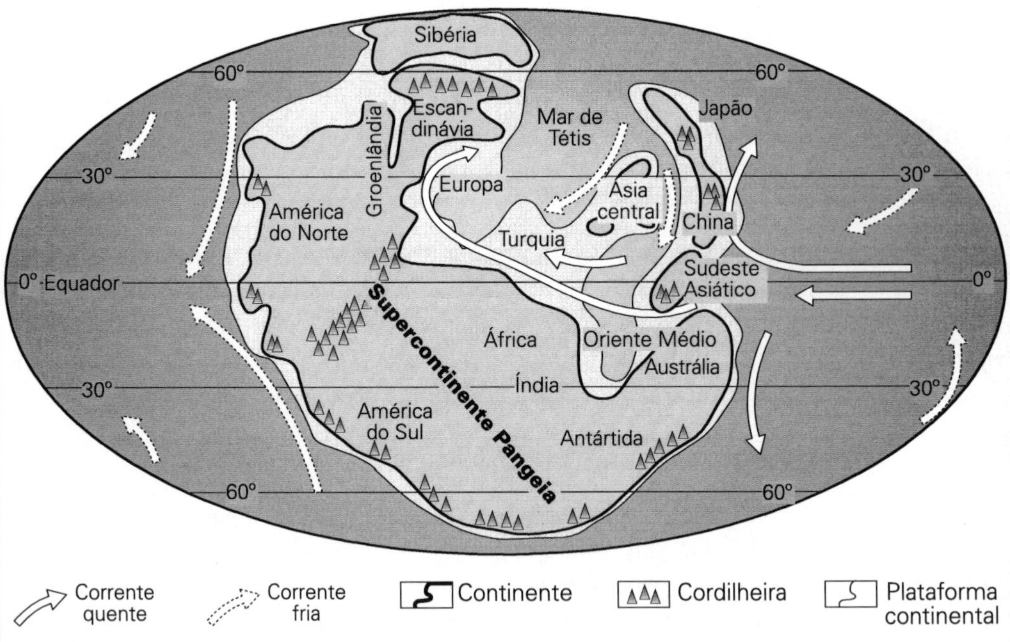

FIGURA 6-7 Paleogeografia do Período Triássico (há cerca de 230 milhões de anos), quando os continentes migraram rumo ao Equador, com o consequente aquecimento de extensas áreas. [Fonte: The historical atlas of the Earth, 1996.]

O continente antártico começou a se separar da América do Sul há cerca de 350 milhões de anos; há 100 milhões de anos já estava completamente separado. Entre os dois continentes teve início um fluxo de correntes frias, que deu origem à circulação do Polo Sul. As características modernas só foram alcançadas há cerca de 3 milhões de anos, enclausurando o clima frio do continente. As correntes frias ficaram assim impedidas de fluir rumo ao Equador, não havendo homogeneização dos gradientes térmicos entre as áreas equatoriais e polares. Imagina-se que tal fato explique, pelo menos em parte, o clima frio hoje reinante sobre a Terra.

Outros pesquisadores estão tentando desvendar as causas das glaciações com base em estudos de antigos sedimentos glaciais. Segundo esses cientistas, a distribuições geográficas e os estudos paleomagnéticos desses depósitos, quando interpretados à luz da deriva dos continentes, mostram que os períodos glaciais estariam relacionados à localização dos continentes nas regiões polares no fim da Era Paleozoica (Fig. 6-6). Essas explicações coincidem estranhamente com o surgimento dos supercontinentes Pangeia e Gondwana. Será que a origem dos períodos glaciais estaria relacionada à descida das plumas frias para partes mais profundas da Terra?

O El Niño e as anomalias climáticas

Entre 1994 e 1995 ocorreu uma anomalia climática de caráter mundial, que provocou inundações no sudeste dos Estados Unidos e temperaturas muito altas no Japão. Hoje em dia acredita-se que a causa principal dessa anomalia climática seria a existência do fenômeno El Niño nas costas do Peru e do Equador.

Quando o El Niño surge nas costas desses países, a pesca sofre uma redução. Os pescadores dizem então que o "menino Jesus" estaria promovendo uma "sobrepesca", prejudicando sua principal atividade. Esse fenômeno consiste num aquecimento anômalo das águas oceânicas, em ciclos de 4 anos, elevando anormalmente a temperatura da corrente fria do noroeste da América do Sul, na costa peruana e equatoriana.

Essa anomalia climática às vezes se estende por até 2 anos e modifica muito o clima mundial. Nas costas do Japão, de outubro até fevereiro do ano subsequente, as águas do oceano se aquecem, amenizando o inverno; simultaneamente, nas costas da Califórnia e do Texas, nos Estados Unidos, registra-se grande queda de temperatura. Por outro lado, na Austrália e no México, bem como no Brasil (na Região Nordeste e na Amazônia), ocorrem secas acentuadas, com grandes perdas para a agricultura, além de frequentes incêndios florestais. Em contrapartida ao El Niño, quando ocorre resfriamento nas mesmas áreas oceânicas (costas de Peru e Equador), verifica-se o fenômeno denominado La Niña. Nesse caso, o ciclo é também de 4 anos e continua por cerca de 2 anos.

Medições das monções asiáticas

Pela interação das altas pressões subtropicais sobre Oceano Pacífico e com as atividades do Pacífico ocidental, entre nuvens e chuvas, nas cercanias do continente eurasiano, a velocidade das correntes atmosféricas ascensionais sempre se torna forte a oeste do Oceano Pacífico. Por isso, sobre o oceano nota-se atividade de ventos alísios (ventos de leste). A intensidade das monções asiáticas possivelmente depende da intensidade dos ventos alísios e das condições das águas quentes do Pacífico ocidental.

Admite-se que a origem de ambos, El Niño e La Niña, esteja relacionada a variações na intensidade dos ventos alísios. Esses ventos atuam nas áreas equatoriais, em direção contrária à rotação terrestre, constituindo os "ventos de leste" (*easterlies*). Por outro lado, à medida que a latitude aumenta, o raio de rotação vai se tornando menor e, se o ar estacionário sobre o Equador for conduzido até latitudes médias, transformam-se relativamente nos chamados "ventos de oeste" (*westerlies*), como se vê na Fig. 6-8.

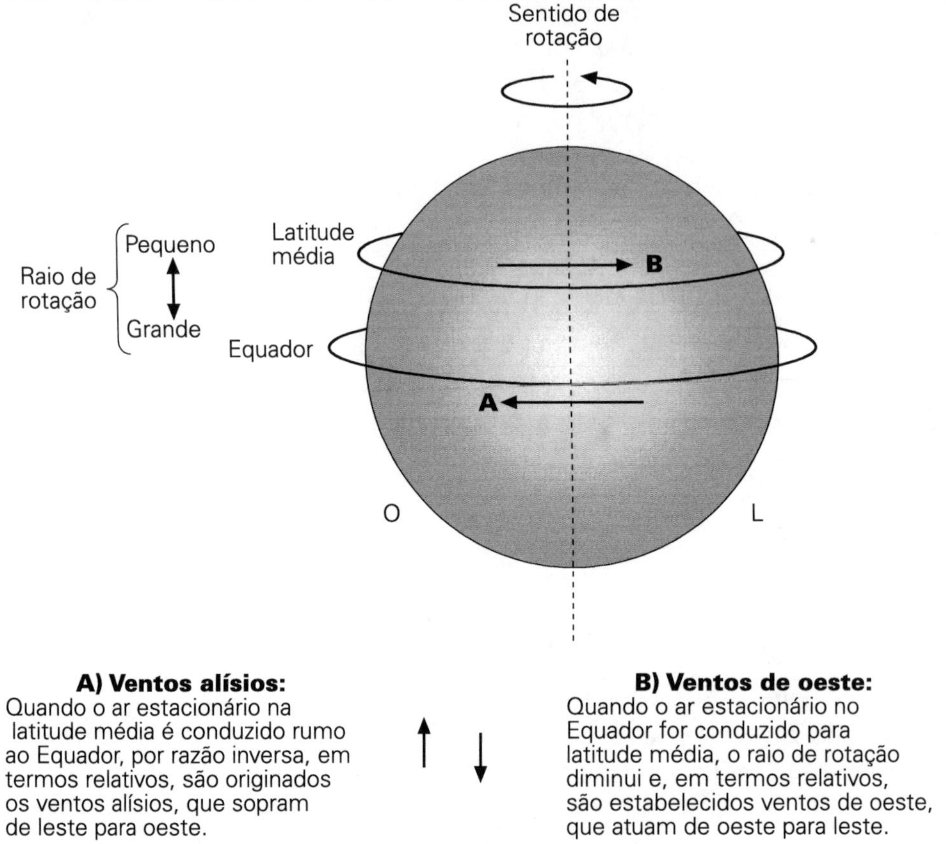

FIGURA 6-8 Relação entre os diferentes raios de rotação da Terra e o sentido dos ventos. Próximo ao Equador, sopram os ventos alísios e, nas médias latitudes, ventos de oeste.

Quando os ventos de leste das proximidades do Equador apresentam-se mais fracos que normalmente, as áreas oceânicas quentes entre a Austrália e a América expandem-se, originando o El Niño. Por outro lado, se os ventos alísios forem mais fortes que o normal, aquelas áreas oceânicas quentes ficarão enclausuradas a oeste, causando ressurgência de águas frias e dando origem ao La Niña (Fig. 6-9).

Ainda não se conhecem as causas das variações de intensidades dos ventos alísios. Alguns estudiosos acham que poderiam estar relacionadas ao balanço de pressão na zona do Equador; outros as atribuem às forças das baixas pressões geradas na zona das monções asiáticas, onde foram iniciadas medições há pelo menos 10 anos (ver boxe).

Não podemos atribuir todas as anomalias climáticas atuais aos fenômenos El Niño e La Niña. É bem possível que algumas anomalias sejam produzidas pelo aquecimento global da Terra. Como nosso planeta recebe muita energia solar, pode-se acreditar que o incremento de entropia, gerada pela dinâmica terrestre e acionada por essa energia, possa criar desajustes energéticos locais, que seriam naturalmente corrigidos pela produção de anomalias climáticas.

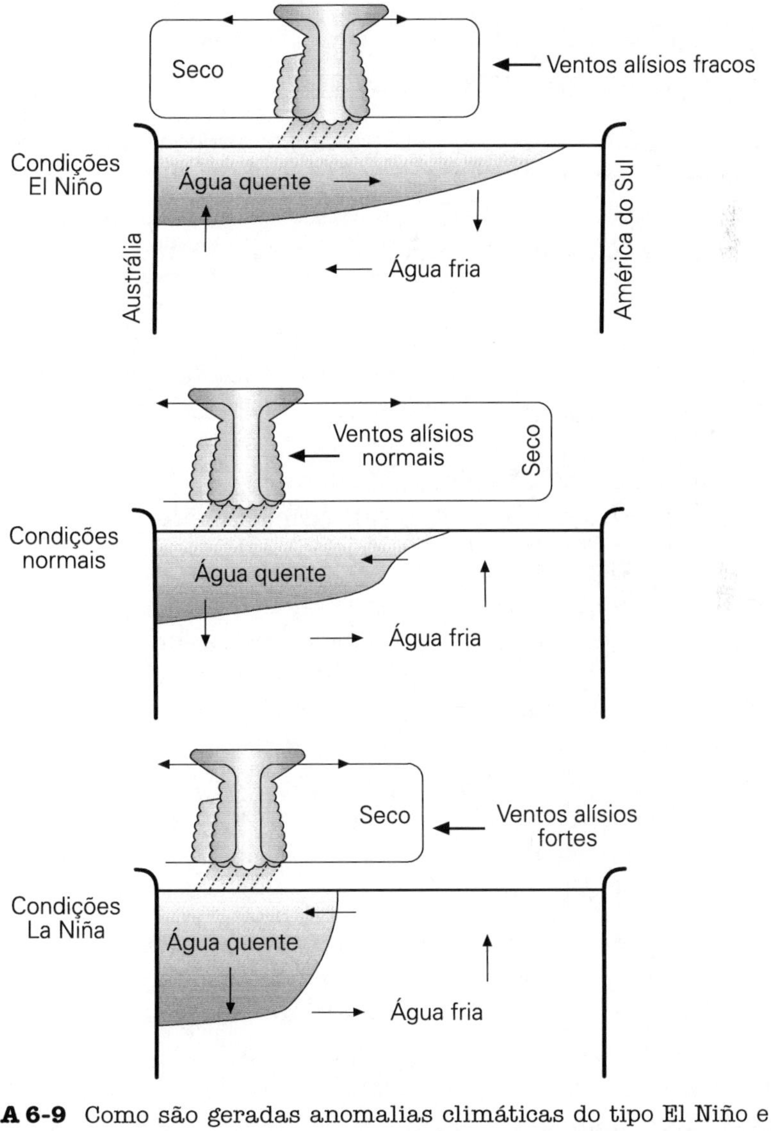

FIGURA 6-9 Como são geradas anomalias climáticas do tipo El Niño e La Niña, em íntima associação com mudanças de intensidade dos ventos alísios.

Sob completa ausência do efeito estufa, a temperatura média da superfície terrestre seria de –18 °C. Entretanto a existência desse efeito eleva a temperatura média para cerca de 15 °C. Considerando a diferença no ângulo de incidência dos raios solares no Equador e nas regiões polares, deveria haver uma oscilação de temperatura da ordem de 100 °C. Mas os mecanismos de troca de calor, através das circulações atmosféricas e oceânicas, promovem um ajuste natural dessa oscilação para cerca de 50 a 60 °C.

É possível que as anomalias climáticas também promovam autorregulações, quando então ocorre incremento de entropia térmica em algum local da Terra, por atividades vulcânicas e terremotos.

As dificuldades das previsões de tempo

Ao fazer previsões de tempo, os meteorologistas preocupam-se com as oscilações climáticas de menor ciclo. Essa previsão baseia-se em cálculos complicados, envolvendo a aplicação de conceitos ligados à Mecânica dos Fluidos e à Termodinâmica, e nas medições de temperaturas, de distribuição de pressões e de correntes oceânicas.

Previsões de tempo com antecedência de uma semana envolvem, além da observação dos polos Norte e Sul, também medições da velocidade dos ventos, das pressões atmosféricas e das correntes oceânicas. As previsões semanais apresentam resultados razoáveis nos dias de hoje. Entretanto, quando ocorrem mudanças meteorológicas bruscas ou, quando se aproxima um tufão, os cálculos podem tornar-se demasiadamente complexos e a previsão é praticamente impossível.

Em previsões de longo prazo, envolvendo intervalos de tempo de três meses ou meio ano, são insuficientes apenas as medidas atmosféricas. É necessário envolver outros fatores, como o fenômeno El Niño, e, ainda assim, as probabilidades de acerto não passam de 80%. Seria esse o limite das previsões de tempo? Alguns especialistas dizem que a previsão de tempo é muito complicada por variar caoticamente e, mesmo com grandes investimentos em computadores, as previsões têm um limite. Segundo a teoria do caos (veja a referência bibliográfica 1), mesmo com uma rede de observatórios relativamente próximos, pequenas diferenças de valores de entrada podem conduzir a resultados muito discrepantes e inválidos, sem qualquer significado para efeito de previsão de tempo.

Também nas prospecções de petróleo se percebe a presença de limites de previsão análogos. Explorações modernas empregam poderosos e sofisticados computadores para simular a geração e a migração, além da formação de jazidas de petróleo ou de gás natural. Entretanto, em qualquer situação, os valores de entrada transformam-se em cifras hipotéticas, com certa faixa de incerteza, e as possibilidades de sucesso dependem dos valores de entrada.

Em que pesem as adversidades, os responsáveis pelas previsões meteorológicas estão empenhados seriamente em melhorar os resultados. Continuando-se simplesmente a medir as pressões altas e baixas e a efetuar cálculos relacionados à Mecânica de Fluidos clássica, não se consegue escapar das limitações. Portanto, hoje em dia, as pressões altas e baixas não são consideradas diretamente, mas encaradas do ponto de vista da Mecânica Quântica, como movimentos micro-ondulatórios. Desse modo, tenta-se compreender um fenômeno natural complexo tal como ele se apresenta (veja a referência bibliográfica 3).

A tremenda onda de calor que atingiu o Japão em 1994 e 1995 constitui um exemplo de previsão de longo prazo que fracassou. O evento acabou provocando um aumento nas vendas de cerveja e de aparelhos de ar-condicionado, animando um mercado que há tempos se mostrava fraco. Mas talvez esse fato não tenha representado só boas noticias. Ele poderia ser uma dura advertência aos habitantes do Arquipélago Japonês sobre o incremento de entropia devido, talvez, ao consumo desenfreado de energia.

Capítulo 7

A evolução dos seres vivos e a dinâmica terrestre

Após seu surgimento na Terra, os seres vivos evoluíram paulatinamente acompanhando os grandes eventos periódicos ligados à dinâmica terrestre. A compreensão da história dessa dinâmica mostra que os seres vivos formam um sistema unificado com os ambientes terrestres.

Por outro lado, torna-se cada vez mais claro que a dinâmica terrestre recebe grande influência do universo. Neste capítulo será demonstrado que a Terra e os seres vivos que nela vivem constituem o próprio universo, cujo ritmo nos envolve a todos.

A extinção dos seres vivos

Cambriano: a "grande explosão" da vida

Por várias vezes, os seres vivos do nosso planeta estiveram expostos ao perigo da extinção, mas conseguiram escapar e sobreviveram até os nossos dias.

Na história da Terra, iniciada há 4,6 bilhões de anos, a origem da vida ocorreu há cerca de 3,8 bilhões de anos. As primeiras formas de vida eram representadas por seres com células primitivas, ainda desprovidas de núcleo celular. Em seguida surgiram as algas-verdes primitivas e os seres compostos por células com núcleos, e, finalmente, há 1 bilhão de anos, apareceram nos oceanos os seres multicelulares. Os animais das primeiras fases, a partir de cerca de 700 milhões de anos, estão representados na "Fauna de Ediacara" (ver boxe), composta de seres com forma de medusa e de anêmona do mar. Os 3 bilhões de anos subsequentes à origem da vida, em termos de evolução orgânica, correspondem à "fase de aquecimento" e estão incluídos no Pré-Cambriano (Fig. 7-1).

FIGURA 7-1 Cronologia da extinção dos seres vivos, desde a "grande explosão" cambriana, evoluindo para grupos de animais com idades cada vez mais recentes, até o Cenozoico.

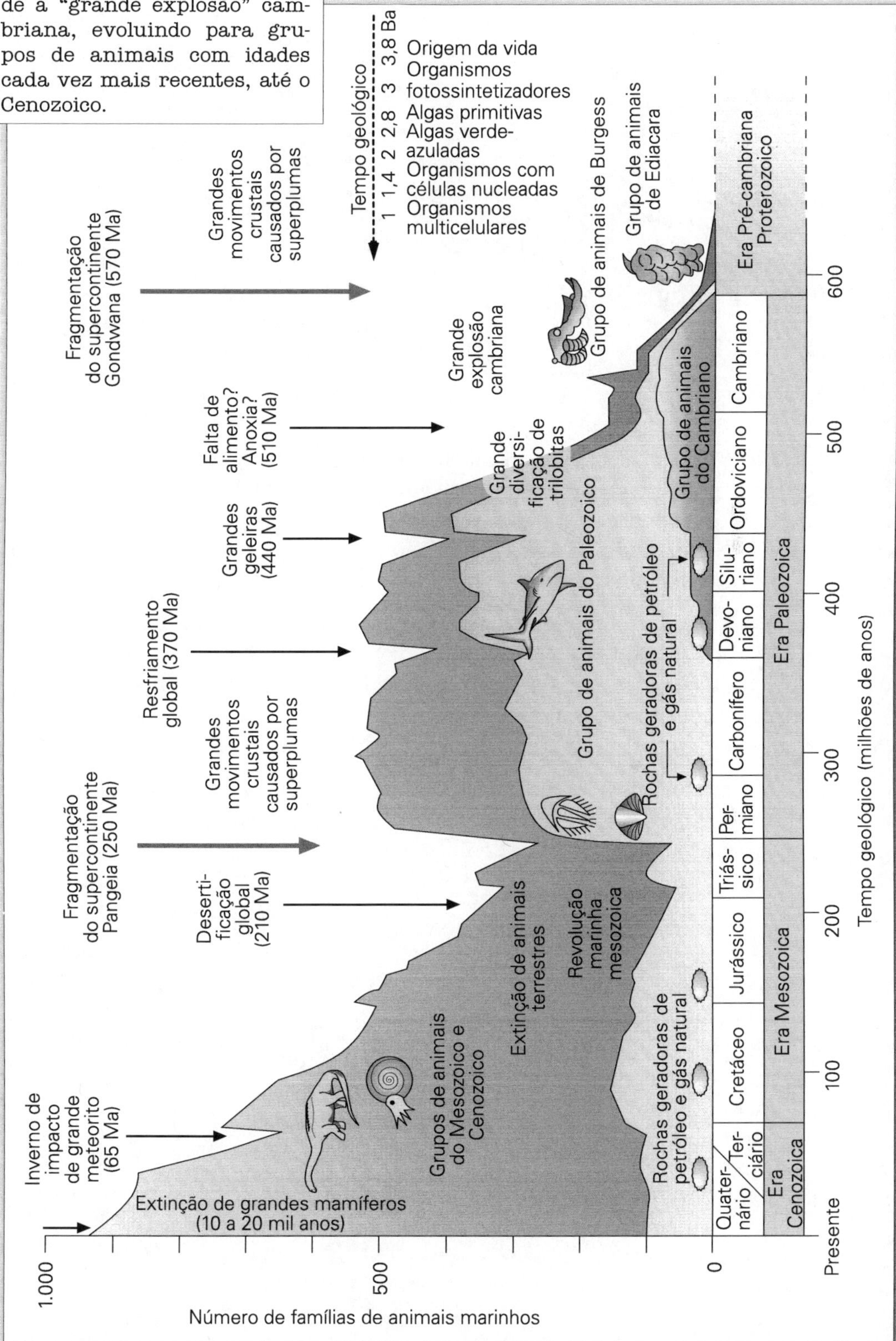

A "Fauna de Ediacara"

Grupo de fósseis de animais marinhos do fim do Pré-cambriano (início do Cambriano?) descoberto em 1947, nas colinas de Ediacara, sul da Austrália, a 450 km a oeste de Adelaide. O conteúdo fossilífero, tal como no "Folhelho de Burgess", distingue-se nitidamente dos fósseis mais comuns do Cambriano. Entre os fósseis, há *Sprigia* (medusa), *Dickinsonia* (semelhante à medusa), etc. bem preservados, apesar da idade muito antiga. Fósseis semelhantes aos de Ediacara ocorrem também na África do Sul e na Inglaterra.

Com a chegada do Período Cambriano, há 550 milhões de anos, ocorre um evento muito importante na evolução da vida; algumas dezenas de espécies existentes até então são repentinamente acrescidas por mais de 10 mil espécies de novos seres vivos. Esse evento é conhecido como a "grande explosão" na evolução orgânica dos seres vivos.

As formas primitivas de seres vivos com carapaça hoje existentes tiveram sua origem no Cambriano, juntamente com os.primeiros animais carnívoros da "Fauna de Burgess" (ver boxe). Entre estes, encontra-se o *Anomalocaris*, um animal carnívoro parecido com um camarão gigante, com corpo de 50 a 60 cm de comprimento, que dominava os oceanos (referência bibliográfica 11). Desse modo, o tranquilo paraíso da Fauna de Ediacara havia se transformado num mundo em que vigorava a lei do mais forte.

Várias hipóteses tentam explicar por que nessa época ocorreu tão espetacular evolução orgânica dos seres vivos, mas não se conhece exatamente a verdadeira causa. Entretanto um fato bastante interessante é que, há 570 milhões de anos, teria ocorrido fragmentação do supercontinente Gondwana. A "grande explosão" orgânica do Cambriano teria ocorrido "logo depois" – 20 milhões de anos após.

Talvez tenha ocorrido uma repentina reativação de uma superpluma, que causou movimentos crustais com consequentes perturbações no ecossistema. Esses eventos podem ter propiciado o surgimento de grande quantidade de novos seres vivos.

Há 510 milhões de anos teria havido a primeira crise para os seres vivos do Cambriano. As trilobitas, que até então se mantinham no papel de alimento para a "Fauna de Burgess", iniciaram repentina evolução, assumindo várias formas. Esse fato provocou um sério problema de falta de alimento para a Fauna de Burgess, levando à extinção de muitos animais marinhos.

A "Fauna de Burgess"

Está contida em folhelho (rocha pelítica) de cor escura do Sistema Cambriano Médio das Montanhas Rochosas, no Canadá. Aflora em encosta, a 2.600 m de altitude, em local de acesso difícil; isso explica por que só foi adequadamente estudade em 1966, embora tenha sido descoberta em 1910.

Diferentemente das associações faunísticas do Cambriano, onde predominam trilobitas e braquiópodes, esse folhelho contém mais de cem espécies de trilobitas, crustáceos, esponjas, celenterados, anelídeos, etc. Aparentemente, o paleoambiente era de laguna com circulação restrita, imprópria à vida da maioria das bactérias.

Alguns cientistas defendem uma hipótese contraditória à da falta de comida: por alguma razão, teria ocorrido um empobrecimento de oxigênio na água do mar e essa pode ser a causa das extinções. Entretanto, na época, o oxigênio era abundante por toda a Terra, de modo que o eventual incidente de anoxia poderia ter uma influência apenas local. Portanto as causas ainda não estão esclarecidas. Parece muito convincente a ideia de que as trilobitas teriam evoluído para não ser devoradas pelos animais carnívoros. Seja como for, o *Anomalocaris*, que dominava os mares cambrianos, acabou sendo extinto. Mesmo para um "rei", a extinção é condição definitiva, sem retorno. Seria essa uma "lei da evolução"?

A maior tragédia da história da Terra

A segunda crise ocorreu há 440 milhões de anos. A superfície terrestre foi recoberta por grandes geleiras, que levaram à extinção 22% dos seres vivos marinhos. Há 370 milhões de anos, no Período Devoniano, ocorreu novo resfriamento global, com a morte de várias espécies de coral e de peixes ostracodermes (providos de placa óssea; viveram no Siluriano Superior e Devoniano Inferior, em águas continentais rasas), extinguindo-se 21% dos seres vivos marinhos.

Uma das maiores crises enfrentadas pelos seres vivos da Terra ocorreu no fim do Paleozoico, há 250 milhões de anos. A começar pelas trilobitas, cerca de 90% dos seres vivos marinhos desapareceram. Esse fato tem sido relacionado à falta de comida, à glaciação e ao vulcanismo. Todas essas possíveis causas, entretanto, não conseguem explicar adequadamente o fenômeno. É possível que esteja mais ligado à fragmentação da Pangeia.

De maneira semelhante à fragmentação do Gondwana, pode-se supor que a fragmentação do supercontinente Pangeia também tenha produzido profundas modificações nos ecossistemas. A dinamização da crosta terrestre pela ação de superplumas pode ter ativado também o vulcanismo. A atmosfera teria, então, enriquecido em dióxido de carbono e o efeito estufa consequente deve ter produzido mudanças paleoclimáticas. Pode-se pensar que muitos daqueles seres vivos não tenham conseguido se adaptar a essas bruscas variações paleoambientais. Quando se fala em extinção de seres vivos, geralmente nos lembramos da extinção dos dinossauros, que foi bem menos espetacular quando comparada à do fim do Paleozoico.

O mundo natural, entretanto, é muito difícil de ser apropriadamente decifrado. Apesar da trágica extinção — sem precedentes na história do planeta Terra — que atingiu a fauna paleozoica, as faunas marinhas mesozoicas e cenozoicas tornaram-se mais prósperas e mais numerosas. Os seres vivos marinhos passaram por diversificações e reorganizações explosivas. Esse fato tem sido designado por alguns pesquisadores como "revolução marinha mesozoica". A diversificação da atual vida terrestre parece ter sido propiciada justamente pela grande tragédia que atingiu a fauna paleozoica.

Há 210 milhões de anos, logo após o início da Era Mesozoica, ocorreu uma "quase extinção" dos répteis do Período Triássico. Um pouco mais tarde, houve a eliminação parcial de moluscos (bivalves e cefalópodes) e alguns peixes (Agnatha) e conodontes nos oceanos. Aponta-se como causa dessas extinções a desertificação em escala mundial que ocorreu naquela época. Logo após a fragmentação da Pangeia, a maior parte dos continentes encontrava-se nas proximidades do Equador (veja a Fig. 6-7). Examinando os depósitos sedimentares continentais do Triássico, verifica-se ampla distribuição de sedimentos avermelhados, bastante comuns em desertos quentes, as chamadas "camadas vermelhas" (red beds).

A desertificação e a aridificação afetaram os animais terrestres e muitos animais marinhos paleozoicos, mas a fauna marinha mesozoica permaneceu ilesa. Essas modificações paleoambientais não foram capazes de interromper o desenvolvimento exuberante dos seres vivos pós-mesozoicos.

A extinção dos seres humanos subsequente à dos dinossauros

As poucas espécies sobreviventes de répteis continuaram sua evolução. Entretanto o "superastro" representado pelo dinossauro desapareceu há 65 milhões de anos, no fim do Período Cretáceo.

Quando se pensa na provável causa de desaparecimento dos dinossauros, uma das hipóteses mais aceitas é a da mudança paleoclimática pelo impacto de um gigantesco meteorito na Península de Iucatã, no México. O "inverno de impacto" seria comparável ao hipotético "inverno nuclear" (ver boxe) do astrônomo norte-americano Carl Sagan. O impacto do meteorito, do mesmo modo que uma hipotética guerra atômica entre os Estados Unidos e a antiga União Soviética, colocaria em suspensão na atmosfera tal quantidade de poeira, que diminuiria em muito a incidência dos raios solares. Isso baixaria a temperatura superficial do planeta em algumas dezenas de graus.

Na região costeira da Península de Iucatã, onde hipoteticamente teria ocorrido o impacto do meteorito, realizaram-se muitas perfurações submarinas profundas, em 1985, patrocinadas pelo projeto internacional ODP (ver boxe na página 11, Cap. 2). Vários métodos foram empregados na tentativa de se determinar a causa de extinção dos dinossauros. Embora tenham sido constatadas mudanças paleoclimáticas repentinas, como de aquecimento global atribuível a fluidos do efeito estufa, a causa direta do desaparecimento ainda não foi esclarecida.

Outros pesquisadores atribuem a extinção dos dinossauros a mudanças paleoclimáticas provocadas por atividades vulcânicas no Platô de Deccan,

Inverno nuclear

Essa hipótese foi aventada pelo astrônomo norte-americano Carl Sagan e por alguns cientistas da antiga União Soviética, na década de 80 do século passado. Ela estabelece um paralelo entre as grandes extinções de seres vivos e uma eventual guerra nuclear generalizada. Se a Terra fosse coberta por uma espessa nuvem, causada por explosões nucleares, a temperatura média mundial poderia baixar para cerca de 10°C. A sobrevivência dos seres vivos se tornaria muito difícil nessas condições.

na Índia. Porém essa ideia se mostra pouco convincente, uma vez que o platô é constituído de lava vulcânica fluida e pouco explosiva. É difícil, portanto, imaginar que seus efeitos pudessem ter alcance mundial. Uma outra teoria tem chamado mais a atenção dos pesquisadores: é a que tenta explicar o desaparecimento daqueles animais por mudanças no ecossistema vegetal, com evolução das gimnospermas para angiospermas. Os dinossauros herbívoros, que se alimentavam principalmente de gimnospermas, teriam ficado sem comida. A retirada de cena dos dinossauros, que lideravam os répteis, cedeu lugar aos mamíferos na Era Cenozoica.

Desse modo, observando a história das grandes extinções, podemos considerar, como algumas de suas principais causas, os eventos de resfriamento global da Terra. Esses eventos poderiam ser originados pela dinâmica crustal ligada à fragmentação de supercontinentes e por "invernos de impacto" de grandes meteoritos. As condições de anoxia, que são favoráveis à geração do petróleo e gases naturais, não teriam influído de modo decisivo na extinção dos seres vivos. De fato, parece que os seres vivos extinguiram-se por mudanças paleoambientais maiores que a capacidade de adaptação desses organismos.

Entretanto a extinção dos grandes mamíferos, que ocorreu entre 10 mil a 20 mil anos atrás, parece seguir um padrão diferente das demais. Entre esses mamíferos havia desde animais do tamanho de um lobo até animais bem maiores, como o bicho-preguiça gigante (*Megatherium americanum*), o tigre dente-de-sabre e o mamute. O desaparecimento desses animais parece ter sido causado pelo ser humano, que ignorou as leis da natureza, caçando-os até o seu completo extermínio. Recentemente, as baleias, que são os maiores animais vivos, foram colocadas em situação de perigo pela intensa caça predatória.

Em geral, a extinção causada por alguns seres vivos – que se alimentam, ou se utilizam de outros seres vivos para diversos fins, como no caso anterior –, deveria ser considerada como uma atitude completamente irracional. Quando um ecossistema é agredido, ele se volta contra o agressor. Entretanto o ser humano não tem respeitado as leis da natureza e, em seu afã puramente mercantilista, já eliminou várias espécies de seres vivos da superfície da Terra (Fig. 7-2).

A comprovação de que o ser humano é um animal que foge às regras (às leis da natureza) não se restringe aos exemplos citados. Ele também derruba florestas tropicais úmidas e desenvolve atividades que expelem dióxido de carbono, como as queimadas, causando o aquecimento global pelo incremento do efeito estufa. Contamina a Terra com produtos tóxicos, radioativos, venenosos, e está causando alterações na camada de ozônio, que protege os seres vivos — inclusive os humanos — das radiações solares prejudiciais. Além disso tudo, através da manipulação genética, está tentando criar novos seres vivos sem ao menos se questionar sobre as consequências desse ato.

Entretanto o próprio ser humano, que se comporta como se fosse o verdadeiro criador do planeta, se verá futuramente submetido a muitas crises e situações nunca antes experimentadas. Essas crises poderão se manifestar de várias formas, como, por exemplo, guerras e epidemias avassaladoras, incontroláveis, causadas por escassez de recursos naturais (alimentação, água e combustíveis fósseis, como petróleo, gases naturais, etc.).

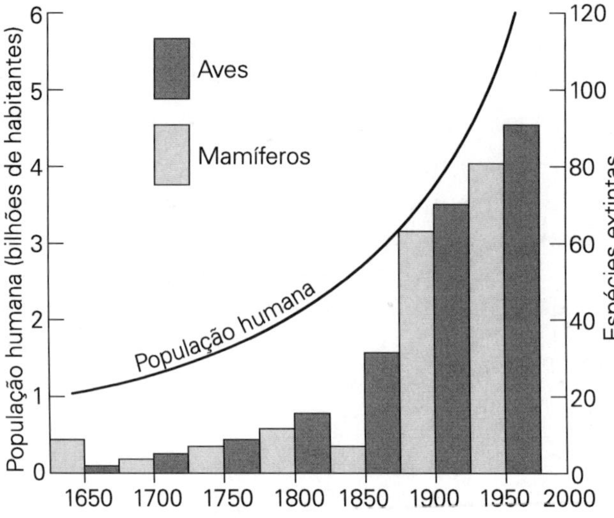

FIGURA 7-2 O crescimento da população humana em relação ao número de espécies extintas de mamíferos e aves, de 1650 a 2000. [Fonte: Ziswiler, 1967; *apud* Keller, 1992.]

O centro da questão está, em primeira instância, relacionado à superpopulação humana. No final do século XX já superava os 6 bilhões de habitantes, com grande probabilidade de chegar aos 10 bilhões em futuro próximo. Mesmo com a população atual, não têm faltado advertências de organizações não governamentais (ONGs) sérias sobre a incapacidade do planeta em fornecer os recursos naturais necessários. A se prosseguir nesse rumo e ritmo, duas possibilidades despontam no horizonte: destruição parcial ou extinção. Na primeira, pode-se pensar na destruição parcial e na evolução do restante da humanidade, que saltaria para um estágio superior ao atual, continuando seu progresso. Na segunda, após extinção do ser humano, poderia haver uma repentina evolução a partir de uma origem completamente diferente. Quando observamos os momentos de prosperidade e decadência pós-cambrianas dos seres vivos, a segunda alternativa parece ter sido mais comum.

Claro que se todos os seres vivos forem extintos a situação será outra. Mas também tem sido observado que, quanto mais acentuada a eliminação, maior a prosperidade alcançada pelos sucessores. Isso pode ser constatado pela "grande explosão" de vida no Cambriano, pela "revolução marinha" do Mesozoico ou pelos mamíferos que sucederam os dinossauros, extintos por provável impacto de meteorito no final do Cretáceo. Olhando por essa óptica, de acordo com os exemplos, a destruição da humanidade não deveria ser encarada como um fato negativo para o progresso da Terra!

O padrão cíclico e a geologia histórica

Registros do nosso passado

Ao nosso redor são encontrados anéis anuais de crescimento de árvores e sedimentos rítmicos, definindo eventos cíclicos. Há quase 100 anos descobriu-se que o padrão cíclico registrava o ritmo da dinâmica terrestre e muitas pesquisas têm sido realizadas a respeito disso. Esses estudos constituem uma especialidade da Universidade de Nagoia, e foram iniciados em 1980 (ver boxe).

Estudando os anéis de crescimento em fósseis de troncos de árvores, é possível reconstituir anualmente as circunstâncias em que ocorreram as erupções vulcânicas dos últimos 20 milhões de anos (veja referência bibliográfica 10). A partir da interpretação dos anéis de crescimento de troncos fósseis, contidos em sedimentos vulcânicos, é possível decifrar as frequências e as flutuações anuais das erupções.

> **Estudo do padrão cíclico**
>
> Esse é um importante capítulo da geologia histórica. Objetiva entender os diversos fenômenos rítmicos, procurando estabelecer as relações intrínsecas com os mecanismos causadores. Um grupo de cientistas da Universidade de Nagoia começou a estudar esses fenômenos, reunindo vários pesquisadores. Já foram realizados até simpósios internacionais sobre o tema.

Nem todas as pessoas sabem que as espessuras dos anéis de crescimento das ávores seguem ciclos de 11 anos. Acredita-se que sejam reflexo de variações de temperaturas, pluviosidades, intensidades de ventos e de insolação. Desse modo, sofrem modificações segundo as condições paleoclimáticas. A dinâmica das manchas solares também obedece ciclos de 11 anos e, portanto, provavelmente esse fato influi nas mudanças paleoclimáticas. É interessante observar como, até em troncos fósseis contidos em depósitos sedimentares de 100 milhões de anos, também foram registrados ciclos de 11 anos (veja a referência bibliográfica 6). Isso sugere que, pelo menos desde aquela época, o Sol já apresentava esse mesmo ciclo.

Por outro lado, são encontrados em diversos lugares depósitos sedimentares avermelhados pela presença de óxidos de ferro. Em clima quente, com a evaporação da água, forma-se o óxido de ferro, em faixas endurecidas e resistentes ao intemperismo. A pesquisa desse material pode conduzir à determinação da frequência de ressecação (ou desertificação) de uma área. Pelo estudo dos sedimentos rítmicos de planícies de maré no mundo inteiro, parece ter sido decifrada a história dos movimentos da Terra e da Lua desde o Pré-cambriano.

Dessa forma, através de marcas tão delgadas que exigem o uso do microscópio, encontramos registros de mudanças paleoclimáticas e de dinâmica terrestre, frequentemente com precisão anual, das últimas centenas de milhões de anos.

Dias de 21 horas

Em meados do século XX, descobriu-se que essas marcas representam a influência não somente do Sol e da Lua, mas também de outros corpos celestes da Via Láctea sobre a Terra.

Existe um tipo de coral que desenvolve marcas de crescimento de uma linha por dia. Além disso, tal como no caso dos anéis de crescimento das árvores, essas linhas nos corais apresentam-se mais finas (densas) no inverno e mais espessas no verão. Constituem assim verdadeiros "calendários" de coral (Fig. 7-3 e referência bibliográfica 6).

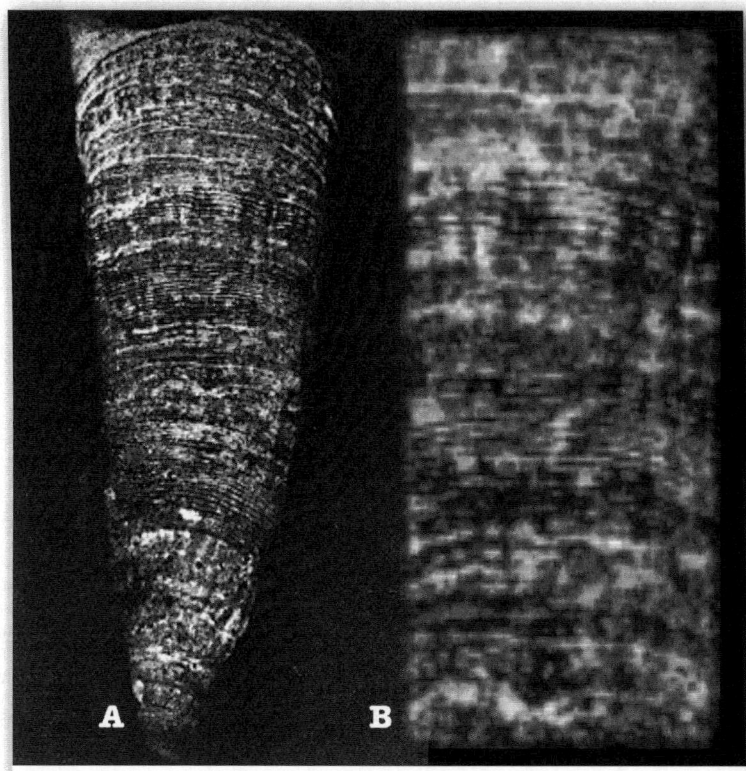

FIGURA 7-3 "Calendário" de coral, representado por linhas de crescimento diárias. Os corais também registram as variações sazonais paleoclimáticas. (**A**) Fóssil de coral solitário, de 5,5 cm de comprimento; nota-se a repetição de porções com linhas de crescimento mais adensadas, relacionadas ao inverno, e outras mais desenvolvidas, relacionadas ao verão. Sendo o ritmo de crescimento de uma linha por dia, conclui-se que, há 400 milhões de anos, o ano tinha 400 dias. [Wells, 1963.] (**B**) Superfície de coral fóssil de 350 milhões de anos, de 1 cm; o padrão de faixas (setas) corresponde a 1 mês.

A Fig. 7-3A mostra um fóssil individual de coral, de 400 milhões de anos, que desenvolveu uma linha de crescimento diário. Contam-se nele quatrocentos pares de linhas de crescimento em um ano (correspondentes a verão+inverno), sugerindo que, na época, o ano era composto de 400 dias. Além disso, no caso das linhas de crescimento de conchas de moluscos, existem aquelas que seguem um padrão semidiurno, obedecendo aos ciclos de maré enchente e maré vazante. Não apenas nos animais, mas também nos sedimentos litorâneos, verifica-se frequentemente a presença de faixas rítmicas de estratificação (ou laminação) como, por exemplo, nos sedimentos de planícies de maré.

Estudos detalhados desses fenômenos rítmicos mostram que, há 500 milhões de anos, o dia tinha 21 horas e que, há 300 milhões de anos, passou para 23 horas. Esse fato sugere que a velocidade de rotação da Terra vem diminuindo constantemente, o que aumenta a duração dos dias — chegando às atuais 24 horas.

O mesmo fato foi diagnosticado a partir de outro tipo de evidência. Há um registro histórico de que, há 1.500 anos, ao norte do Mar Mediterrâneo, na área que hoje corresponde à Grécia, teria ocorrido um eclipse solar total. Porém, calculando em computador e com dados atuais, concluiu-se que esse eclipse deve ter ocorrido no norte da África. A razão dessa discrepância de posição geográfica se deveria à gradual redução na velocidade de rotação da Terra. De fato, quando se levou em consideração essa diferença de velocidades, a posição do eclipse coincidiu com a região da Grécia. Em conseqüência dessas pesquisas, concluiu-se que, nos últimos 100 milhões de anos, a velocidade de rotação da Terra decresceu cerca de 20 minutos.

Ciclos da dinâmica terrestre

Entre os tópicos até aqui discutidos, como as mudanças paleoclimáticas e a dinâmica crustal, bem como as consequentes extinções de seres vivos, vários são os eventos tipicamente cíclicos. Na Fig. 7-4 estão representados vários desses eventos, por ordem decrescente de duração dos ciclos.

A vida humana, por mais longa que seja, raramente passa dos 100 anos; portanto estaria incluída entre as ordens 8 a 10 da Fig. 7-4. Estão compreendidos nesse intervalo os fenômenos El Niño e La Niña (que, como sabemos, ocorrem em ciclos de alguns anos) e a atividade das manchas solares, que se repetem a cada 11 anos.

O terremoto de Kobe, de 17 de janeiro de 1995, foi considerado como de uma intensidade que só se repete a cada 1.000 anos. Entretanto, em geral, as atividades sísmicas repetem-se com ciclos de 50 anos a centenas de milhares de anos. As atividades vulcânicas exibem ciclos maiores, que são variáveis entre 100 anos a 1 milhão de anos. Os ciclos de Milankovitch, relacionados às glaciações e consequentes flutuações no nível dos mares, variam com ciclos de 19 mil a 410 mil anos, situando-se nas ordens 4 e 5, na porção média do gráfico.

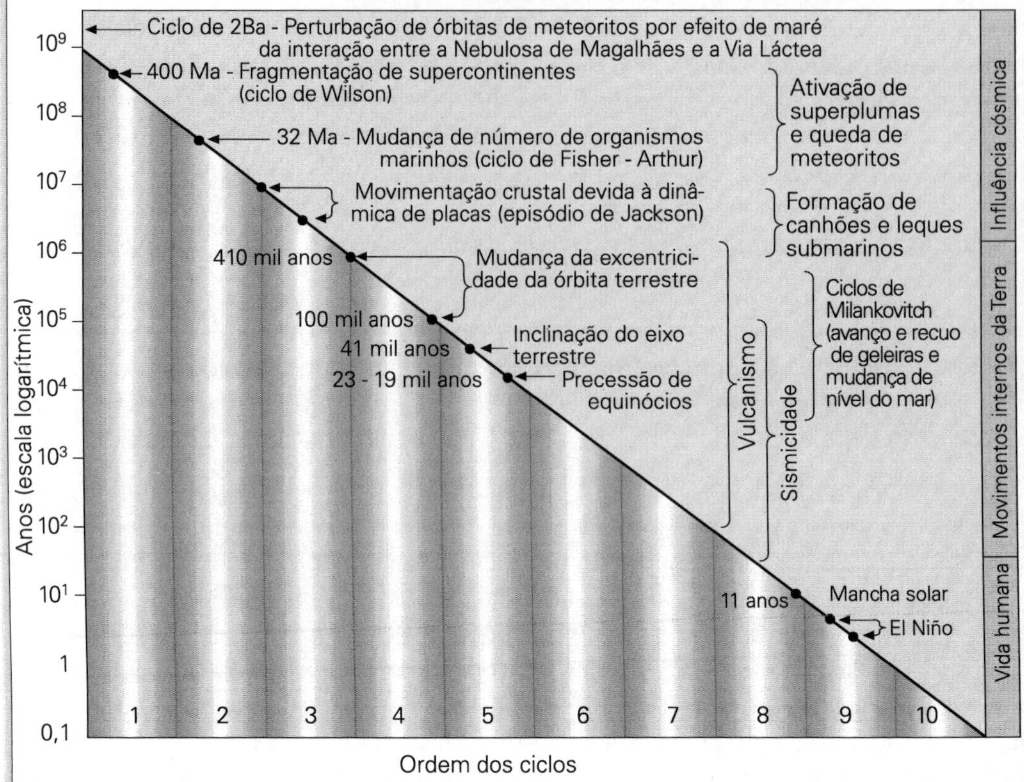

FIGURA 7-4 Ordem de grandeza das movimentações terrestres, desde as abrangidas pelo ciclo de vida humana até ciclos muito maiores, com 2 bilhões de anos, de origem cósmica.

No interior dos Estados Unidos, no noroeste da Europa e na Rússia, além do norte da África, distribuem-se extensas camadas permocarboníferas (fim da Era Paleozoica), os chamados ciclotemas, apresentando-se o carvão mineral com espessura de algumas dezenas de metros. Os ciclotemas tornaram-se famosos como produtos clássicos de flutuações de paleoníveis do mar e situam-se na ordem 4. Cada ciclo inicia com camada de arenito continental, seguida de sedimentos parálicos contendo carvão e lamito – além de calcários de ambientes marinhos rasos – e, finalmente, sedimentos de águas salobras e continentais. Esse tipo de ciclo se repete por dezenas de vezes; localmente pode chegar a mais de cem vezes. Como essas sequências eram explicadas por flutuações de paleoníveis do mar, durante muito tempo se acreditou que estariam relacionadas às mudanças paleoclimáticas e glaciações.

Recentemente, entretanto, descobriu-se que esses ciclos podem ser originados também por migrações fluviais laterais, fluxo e refluxo de marés ou por progradação de delta mar adentro. Desse modo, mesmo que seja de ordem 4, não se pode assegurar com certeza que esteja relacionado aos ciclos de Milankovitch. Atualmente, o termo ciclotema é válido somente para produtos clássicos de flutuações de paleoníveis do mar.

Entre os ciclos de maior duração, temos aquele relacionado às oscilações das placas tectônicas. No Cap. 3 ("Ilhas do Havaí...", página 22) foi discutido que, por movimentos de placas há 40 milhões de anos, o Arquipélago de Havaí e os montes submarinos do Imperador mudaram de direção. Estudos detalhados demonstram que as oscilações das placas para o norte e para o sul influem muito nos movimentos dos continentes. Essa oscilação recebeu o nome de "episódio de Jackson", sendo sua periodicidade de alguns milhões a 10 milhões de anos, isto é, de ordem 3.

Além disso, dados obtidos de inúmeras perfurações submarinas profundas mostram que, com a mesma periodicidade (de alguns milhões de anos a 10 milhões de anos), também têm sido formados vales submarinos ou depósitos de leques submarinos. Essas feições são encontradas com maior frequência em depósitos mais recentes que o Terciário.

Como os ciclos de ordem 3 ultrapassam 1 milhão de anos, não são mais atribuíveis ao Ciclo de Milankovitch. Em depósitos posteriores à Era Paleozoica têm sido encontrados ciclos de ordem 3 em vários locais, mas ainda não se tem ideia de sua causa. As reativações das cadeias mesoceânicas parecem se processar em ciclos superiores a 10 milhões de anos, mas supõe-se que, pelo menos a expansão e subducção locais de placas, que parecem causar as oscilações, obedecem a ciclos de ordem 3. Eventualmente, vales submarinos e leques aluviais poderiam ser produzidos por colisão de grandes meteoritos.

Influência do cosmo nos cataclismos terrestres

A partir do estudo paleontológico de fósseis mais recentes que o Período Triássico, constatou-se que espécies de invertebrados marinhos têm variado de frequência com intervalos de cerca de 32 milhões de anos. Esse ciclo, tembém conhecido por "Ciclo de Fisher e Arthur", é causado por mudanças paleoclimáticas provocadas por impacto de meteoritos.

Por outro lado, estudos de paleoambientes deposicionais e correlações de depósitos sedimentares, amplamente distribuídos pela Europa, Rússia, América do Norte e do Sul, comprovaram, em 1984, a existência de ciclos de cerca de 100 milhões de anos (ordem 2). Acredita-se que esse ciclo esteja ligado às reativações de cadeias mesoceânicas, que causariam flutuações de paleoníveis do mar em escala global.

O fato de serem esses depósitos sedimentares contemporâneos e semelhantes, em escala global, sugere que estariam ligados à mesma movimentação crustal. Ignora-se a influência ou não de impacto de meteoritos, mas a velocidade média de expansão da placa tectônica parece modificar-se em ciclos de algumas dezenas de milhões de anos. Com a modificação da velocidade de expansão da placa tectônica, muda também a taxa de produção de crosta oceânica e, ao mesmo tempo, a altura de nível do mar deve variar em escala global. Segundo a referência bibliográfica 15, as variações de paleoníveis do mar causadas pela expansão da placa tectônica, a partir da cadeia mesoceânica com ciclo de várias dezenas de milhões de anos, podem atingir amplitudes de até 200 m.

Essas relações de causa e efeito são as mesmas relatadas no Cap. 5 ("As superplumas e a constituição...", página 55; veja também a Fig. 5-2). É possível que essa causa cíclica, de ordem 2, esteja relacionada à atividade da superpluma, que funciona na formaçao de rocha geradora de petróleo.

O fenômeno que obedece ao ciclo de 200 milhões de anos (ordem 1), causando reversão de polaridade no campo magnético terrestre, pode também estar ligado à atividade da superpluma. Com um ciclo de cerca de 400 milhões de anos (ordem 1) têm ocorrido a fragmentação ou a aglutinação de supercontinentes, levando à abertura ou fechamento de oceanos. Esse ciclo é conhecido por "Ciclo de Wilson".

O leitor está lembrado dessa cifra de 400 milhões de anos? Esse número foi mencionado no Cap. 3 ("A fragmentação dos supercontinentes e os meteoritos", página 29), quando se discutiu a hipótese levantada na Universidade de Kanazawa (Japão). Ele corresponde muito bem à ideia de que, a cada 400 milhões de anos, teria ocorrido o impacto de grande quantidade de meteoritos, que teria reativado as superplumas, propiciando a ocorrência de movimentos crustais.

Alguns pesquisadores japoneses, como o dr. Furumoto (da Universidade de Kanazawa) e dr. Kumazawa (da Universidade de Nagoia), admitem a possibilidade de existência de ciclos ainda maiores (veja a referência bibliográfica 10). É possível que, haja uma verdadeira "chuva de meteoritos" com ciclo de 2 bilhões de anos, que teria atingido a Terra e a Lua. Para tentar explicar esse fenômeno, o mecanismo de "fluxo e refluxo de marés", no espaço entre a Nebulosa de Magalhães e a Via Láctea, tem atraído a atenção. Através dele seria provocada uma perturbação nas órbitas de pequenos corpos celestes próximos ao nosso planeta e, desse modo, ocorreria aquela chuva de meteoritos na Terra e na Lua.

De fato, o primeiro supercontinente sobre a superfície terrestre parece ter surgido há 1 bilhão e 900 milhões de anos. Pode-se então pensar numa chuva de meteoritos, que teria reativado a superpluma e formado a placa, que evoluiu então para um supercontinente.

Pesquisas de ciclos desde semidiurnos até 2 bilhões de anos, registrados em seres vivos e em formações sedimentares, permitiram esclarecer muitos fatos interessantes. Embora muitas questões ainda permaneçam em aberto, pode-se afirmar que, com certeza, o nosso planeta recebe forte influência cósmica em sua evolução.

Naturalmente, o próprio ser humano vive envolto pelo ritmo de todo o universo. Apenas quando nos defrontamos com esse ciclo universal (escala gigascópica) nos damos conta do quanto é minúsculo o nosso ritmo individual (escala nanoscópica), por exemplo, de troca de gerações!

Todo o universo no corpo humano

O mais primitivo ser terrestre ainda vive

Quando o primeiro ser vivo surgiu sobre a Terra, o planeta deixava a condição de "bola de fogo" e dava início ao seu resfriamento. Ainda não havia vegetação, portanto nem fotossíntese. Era uma condição de temperatura alta e sem oxigênio. Que tipo de ser vivo poderia ter nascido nessas condições? Na realidade, até hoje subsistem locais com condições assim na superfície terrestre. São representadas pelas "fumarolas negras" (*black smokers*), nas profundezas submarinas, por onde extravasa água quente proveniente do magma (Fig. 4-1). Nesses locais, não há oxigênio, mas emanações de gás sulfídrico, e a temperatura supera os 100°C. E é em condições tão inóspitas como essas que bactérias termófilas sobrevivem, a temperaturas entre 80 ° e 113 °C. Por outro lado, as bactérias termófilas sobrevivem por vários anos em profundezas submarinas atuais, onde a temperatura é de aproximadamente 2 °C. Acredita-se que essas bactérias se assemelhem à célula original. Elas devem fabricar matéria orgânica utilizando amônia.

Além disso, perfurações submarinas profundas (referência bibliográfica 15) permitiram constatar a existência de atividade bacteriana a 500 m de profundidade no substrato oceânico. Verificou-se também que elas subsistem até nas rochas vulcânicas das cadeias mesoceânicas, aparentemente impróprias a qualquer forma de vida. E há certas bactérias que sobrevivem sob condições realmente inóspitas, sob altas pressões, temperaturas e salinidades.

As fumarolas negras ocorrem em fundos submarinos separadas por distâncias de 2.000 a 3.000 km. Em todos esses locais, as bactérias termófilas estão presentes, mas também são encontrados alguns animais superiores, como caranguejos e camarões, que formam associações em vida (biocenoses). Acredita-se que o mais primitivo ser terrestre deveria ser semelhante às bactérias termófilas.

Surgimento da "teoria de Gaia"

As células primitivas foram diversificando as espécies, conforme as mudanças paleoambientais. Em seguida, a convivência de organismos unicelulares deu origem a organismos multicelulares, durante a evolução da vida.

Existem muitas teorias sobre vários aspectos da evolução, sendo difícil descrevê-las em termos mais objetivos. Atualmente, volta-se a atenção para o pensamento de que "não se pode separar a evolução dos seres vivos das mudanças paleoambientais".

A teoria da seleção natural, de Charles Darwin (1809-1883), admitia que as mudanças dos ambientes induziam a evolução da vida. Entretanto foram encontrados vários fenômenos que não podem ser explicados pela sua teoria. Surgiu daí a ideia de que talvez o ser vivo evolua modificando o ambiente. Esse conceito foi apresentado pelo cientista inglês James Lablock e recebeu o nome de "teoria de Gaia" (ver boxe).

Teoria de Gaia

Proposta pelo pesquisador inglês James Lablock, considera em conjunto os ambientes terrestres e os seres vivos. Essa teoria está relacionada à influência positiva da biosfera na definição dos ambientes terrestres e ensejou a elaboração da "teoria da origem dos ambientes".

Ela se baseia na ideia de que a vida e o ambiente terrestre constituem um sistema único e inseparável.

Por exemplo, como o teor de oxigênio, na superfície terrestre, teria se estabilizado em torno de 21%? A elevação no conteúdo de oxigênio na superfície terrestre promove o aumento de incêndios florestais. De fato, a maioria das árvores libera hidrocarboneto, que facilita a propagação de incêndios florestais. Quando ocorrem esses eventos, a área de florestas diminui, o teor de oxigênio decresce e os incêndios arrefecem. Recomeça, então, a atividade dos vegetais e a floresta se recupera, liberando oxigênio. A repetição desses eventos estabilizou o teor de oxigênio; isto é, Terra funcionaria como se fosse um organismo vivo, com a capacidade de utilizar os seres vivos para a autorregulação de seus próprios ambientes.

Essa estrutura de autorregulação é denominada, segundo a teoria de Gaia, sistema vivente. Atualmente essa teoria vem sendo abalada por uma ideia extrema, de que os seres vivos modificaram convenientemente os ambientes terrestres, contrapondo-se ao pensamento de que os ambientes terrestres teriam sido modificados graças à existência dos seres vivos. Entretanto, como a evolução dos seres vivos modificou a natureza das rochas geradoras de petróleo e gás natural, o ponto de vista de que os seres vivos interferem nos ambientes terrestres e o de que as mudanças ocorridas afetam os seres vivos são essencialmente os mesmos.

A mesma matéria constitui o ser humano e a Terra

A razão por que se processa a evolução natural já representa, em si, um grande mistério. Hoje em dia, esse fato está sendo esclarecido gradualmente com as pesquisas relativas ao ADN (ácido desoxirribonucleico).

Todos os seres vivos possuem pais, e estes também têm os seus pais. Rastreando todas essas relações, conclui-se que os seres vivos possuem, na verdade, antepassados comuns. As ligações são estabelecidas pelos genes e a matéria que controla a hereditariedade é o ADN.

Nos últimos tempos tem ocorrido grandes avanços na técnica de decifração do ADN, de modo que já adquirimos um razoável conhecimento sobre os papéis desempenhados pelos genes. Todos os seres vivos possuem genes comuns e genes diferenciados, embora não se conheçam os papéis desempenhados por muitos deles. Entre os genes, foram descobertos dois que claramente retêm o "segredo da evolução".

O primeiro, conhecido como gene oculto, normalmente não é utilizado, mas por alguma razão provoca modificações nos seres vivos. O outro é um gene que supostamente produz repentinas perturbações, sendo denominado homeótico. O repentino sugimento desses genes originaria diversidade entre os seres vivos.

Com o esclarecimento do "segredo" do código genético, surgiu uma área de ciência denominada paleontologia molecular, que emprega a decifração do ADN (ácido desoxirribonucleico) de animais do passado. O filme Parque dos dinossauros, de S. Spielberg, focaliza exatamente isso: um inseto que há várias dezenas de milhões de anos sugou o sangue de um dinossauro teria sido fossilizado em resina vegetal (âmbar). Desse inseto retido em âmbar, extraiu-se o ADN de dinossauro, que, reestruturado em laboratório, ressuscitou o réptil extinto. No futuro, o avanço na decifração do ADN poderá esclarecer muitas dúvidas hoje existentes, possibilitando eventualmente proezas semelhantes às do filme.

Quando se pensa na teoria de Gaia juntamente com a decifração do ADN, pode-se compreender que o nosso planeta e a vida terrestre constituem um único sistema. Na Fig. 7-5 podemos examinar isso sob outro ângulo. O ser humano é composto de células. O ADN, a matéria fundamental da vida, é formado por moléculas. As moléculas, por sua vez, são compostas por átomos, que podem ser desintegrados em partículas elementares. Além disso, as partículas elementares são compostas de partículas mais finas, que originalmente produziram a Grande Explosão do início do universo. Consequentemente, ao encarar o corpo humano em seus mínimos detalhes, chega-se à matéria que originou o universo.

Logo após a Grande Explosão, as partículas elementares mais finas deram origem ao hádron (formado por forte ligação entre prótons e nêutrons, que são partículas pesadas) e, através do neutrino, teria se originado o hidrogênio pesado. Após centenas de milhões de anos, teria sido sintetizado o lítio, que é o metal mais leve, seguido por elementos químicos mais familiares a nós, como o oxigênio, o carbono e o ferro.

Há 4,6 bilhões de anos, com essas substâncias teria se formado o Sistema Solar, que contém o planeta Terra. Há 3,8 bilhões de anos, teve origem o ADN, que representa a fonte de vida. Portanto a vida evoluiu utilizando as mesmas substâncias componentes do planeta e este, por seu turno, se modificou em consonância com a evolução da vida.

O corpo de todos os seres vivos terrestres compõe-se essencialmente de carbono. Esse elemento pode formar estruturas moleculares complexas e combinar-se facilmente com vários elementos. Não existem outros elementos químicos com essas propriedades. Desse modo, em qualque parte do universo, os eventuais seres vivos gerados terão grande probabilidade de ser compostos de carbono. O carbono é um elemento muito abundante no universo, e o corpo humano também é composto por essa substância. Em outras palavras, "nesse sentido, todas as coisas da natureza são semelhantes entre si".

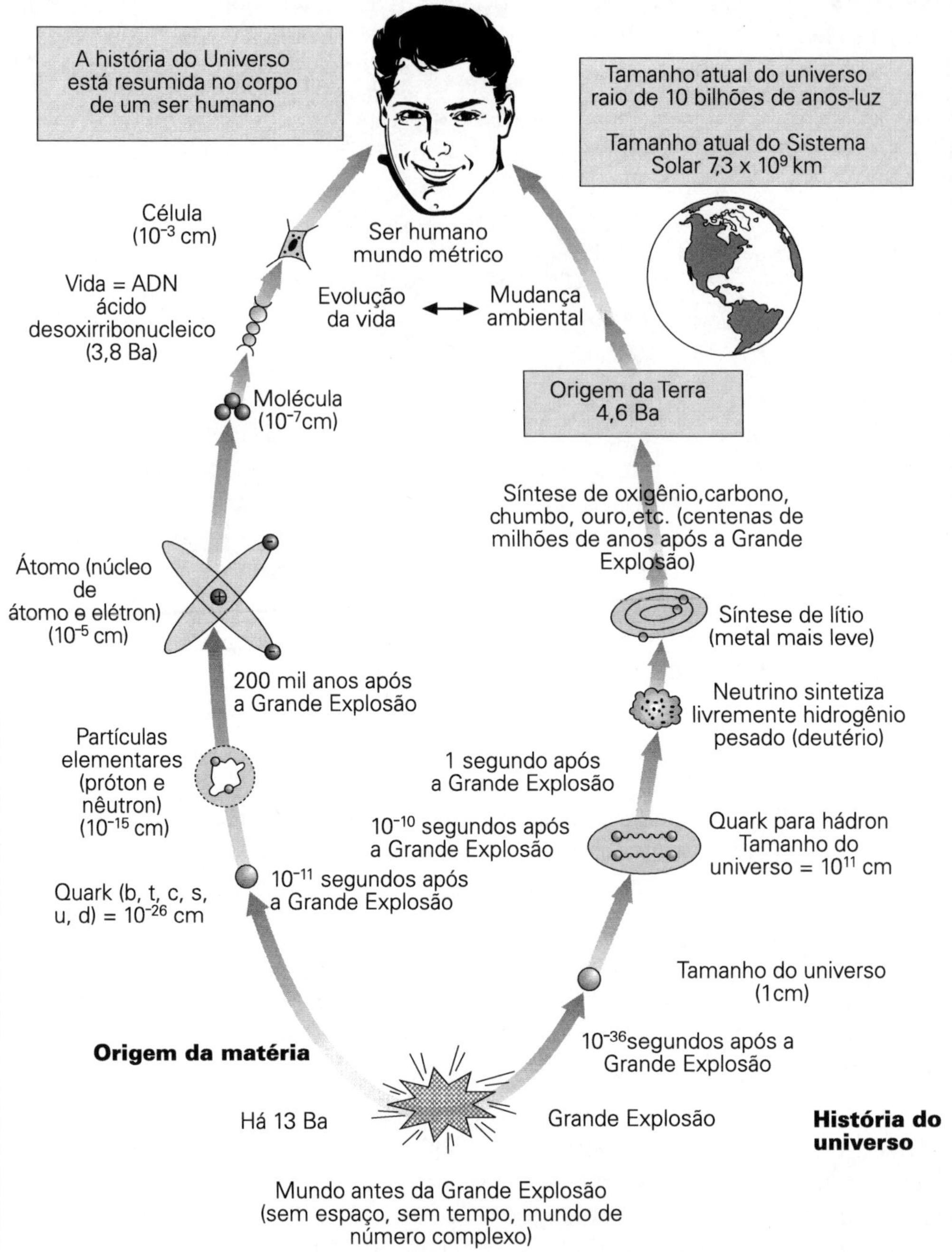

FIGURA 7-5 Origem da matéria e história do universo, desde sua origem, há 13 bilhões de anos, até o advento do ser humano.

Capítulo 8

O futuro do ambiente terrestre

No passado, a Terra garantiu sua subsistência pela coincidência de situações favoráveis, que podem ser consideradas verdadeiros "milagres cosmológicos". Hoje o nosso planeta "hospeda" seres vivos e representa uma nave espacial pilotada por todos eles, que se originaram e sobrevivem graças às leis do universo.

Do mesmo modo que o presente difere do passado, ninguém pode garantir que as situações favoráveis continuem por muito tempo. Se possível, nós, seres humanos, não desejamos ser responsáveis pela destruição da nossa própria nave.

A nave Terra pode acabar

Até aqui foram relatados vários eventos relacionados à dinâmica terrestre, através dos 4,6 bilhões de anos de existência do planeta Terra. Dessa maneira, esperamos ter demonstrado que o ambiente do planeta resulta do tênue equilíbrio entre a dinâmica terrestre e a energia solar. Sendo a Terra dotada de um "motor térmico" interno, seu funcionamento produz o inevitável "rejeito energético", aumentando a entropia. Essa entropia exacerbada vem sendo dissipada na forma de calor e vento, provocados pela energia do Sol.

A atividade vital, em essência, deve também diminuir a entropia. Ela se acha incorporada ao sistema de autorregulação natural e, através de mecanismos semelhantes aos expostos na teoria de Gaia (Cap. 7, página 102), o ambiente natural vem sendo preservado. Esse sistema de autorregulação deverá se manter enquanto perdurarem as interações entre o Sol e a Terra. Entretanto, quando se pensa no futuro do ambiente terrestre, surge um grande problema, devido à sua relação com o ser humano.

Por exemplo, com o advento da agricultura, o ser humano passou a modificar drasticamente o ambiente ao seu redor, na incessante exploração de recursos naturais.

Diferentemente dos outros seres vivos, ao empregar largamente a energia de combustíveis fósseis (petróleo e carvão), o ser humano tem contribuído para o incremento da entropia. Além disso, tem promovido desmatamentos e extinção de outros seres vivos, destruindo o ambiente terrestre. As alterações provocadas pelos humanos, principalmente nos últimos 50 anos, têm sido catastróficas, temendo-se até mesmo pela destruição da nave Terra. Será que isso é possível?

Aquecimento global e buraco na camada de ozônio

Esses são dois dos maiores problemas ambientais da humanidade hoje, comumente tratados de modo sensacionalista e sem o necessário embasamento científico.

Conforme a referência bibliográfica 8, o ser humano adiciona à atmosfera todos os anos 10 bilhões de toneladas de dióxido de carbono, considerado um dos principais gases estufa, que promovem o aquecimento global. Esse gás é expelido não somente pelos veículos automotores, mas também pelas indústrias, além da queima de óleos combustíveis e gases naturais para diversos fins. Se todo esse gás carbônico fosse liquefeito, corresponderia ao volume de 33 mil superpetroleiros de 300 mil toneladas cada. Enfileirados, esses petroleiros se estenderiam por 10 mil km. O ser humano, que produz esse espantoso volume de gás carbônico, é considerado o grande culpado pelo aquecimento global. Será que isso é verdade?

Na realidade, hoje em dia, alguns duvidam que a causa maior e real do aquecimento global seja o incremento de gás carbônico na atmosfera. Medições realizadas pela Terra indicam que, em algumas regiões, realmente ocorreu aquecimento. Entretanto registros de temperaturas da atmosfera informam que pode até estar ocorrendo resfriamento.

Como causas de aquecimento global são consideradas as relações entre o vapor de água e a energia solar. Além disso, tem-se a circulação oceânica, explicada neste livro com certo detalhe (Cap. 4), ao lado da influência da posição dos continentes e dos seres vivos, que interferem no clima terrestre. Finalmente, devemos lembrar o incremento de entropia, as atividades vulcânicas, o calor superficial refletido pelas nuvens e o efeito de obliteração.

O modelo simplificado, que leva em consideração somente o efeito do gás carbônico, constitui um equivoco muito grande. Esse problema apresenta certa semelhança com as dificuldades inerentes às previsões econômicas e de terremotos.

Sobre a questão do buraco na camada de ozônio, suas causas têm sido relacionadas aos gases CFC (clorofluorcarbonados), fabricados e usados pelos seres humanos, além dos gases expelidos pelas turbinas dos aviões supersônicos. Algumas experiências têm, entretanto, produzido resultados contraditórios, constituindo hoje em dia tema de muita controvérsia.

Na realidade, a participação da própria natureza frequentemente é muito maior. Por exemplo, em 1991, a erupção do vulcão Pinatubo, nas Filipinas, lançou na atmosfera uma quantidade de aerossóis muito maior do que a produzida por qualquer atividade humana. Admite-se que os elétrons provenientes do Sol provocariam reações químicas na atmosfera, dando origem a óxidos de nitrogênio, que também atuariam negativamente nas camadas de ozônio. Na verdade, não se tem ideia do nível de participação do ser humano nessa questão.

O hidreto gasoso como recurso energético do futuro

No início de 1996, na costa oriental da América do Norte, um poço submarino profundo (ver boxe) perfurado nas vizinhanças da cadeia mesoceânica Blake, encontrou uma quantidade de hidreto de metano bem superior à esperada.

O hidreto de metano consiste em gás metano congelado e circundado por moléculas de água. Admite-se que essa substância exista no mundo inteiro, nas proximidades da superfície dos leitos oceânicos profundos. Para sua formação não é necessário que a temperatura seja inferior a 0°C, pois, como se encontra em condições de alta pressão, mesmo à temperatura de algumas dezenas de graus, o gás é encerrado no interior do gelo.

Além disso, estando a camada de gelo misturada com gás natural, até por prospecção sísmica se pode determinar aproximadamente o local de ocorrência. As prospecções sísmicas de hidreto de metano ainda não abrangem o mundo inteiro. Porém, pelos dados já existentes, pode-se concluir que o hidreto gasoso compreende parte substancial de todo o hidreto de carbono das camadas superficiais das crostas continentais da Terra. De fato, só nos fundos submarinos próximos ao Japão foram estimadas reservas, em áreas mais favoráveis, de 1 trilhão de m^3, correspondente ao consumo japonês de gás natural durante 1.600 anos. Entretanto, como a prospecção sísmica, por si só, não é suficiente para se estabelecer a espessura da camada que contém o gás natural, ainda não se sabe qual é a reserva real. Esses dados sugerem, porém, a existência de reservas astronômicas desse gás natural, desde a zona costeira até os mares profundos do mundo inteiro.

Medidas mais precisas de espessura e extensão, obtidas de forma insuficiente por prospecção sísmica, representam desafios futuros. Além de tais questões, também são importantes os problemas relacionados à formação desses hidretos, bem como o sistema de intercâmbio (troca) entre o metano e a atmosfera, ambiente marinho, clima e a influência sobre outros fatores ambientais da Terra.

Poço submarino profundo

Trata-se de mais um poço integrante do projeto internacional ODP (Perfuração Oceânica Profunda). Foi aberto na área da cadeia mesoceânica Blake, para pesquisar as condições de produção e origem do hidreto de metano.

A sedimentação de grande quantidade de calcário marinho, no passado, provocou acentuada redução de gás carbônico na atmosfera e, portanto, deve ter influído de modo significativo no paleoclima da Terra. Da mesma forma, é importante avaliar como esse gás metano, que poderá funcionar como gás estufa na atual passagem de período interglacial para glacial, irá influir na nossa vida.

Colisão de corpos celestes — perigo em escala cósmica

Mesmo aqueles eventos sobre os quais se ignora o grau de participação do ser humano estão relacionados com o universo. Por exemplo, a possibilidade de colisão de corpos celestes pequenos, como meteoritos, cometas e asteroides, constitui um grande problema para a Terra. Quando, em 1994, Júpiter foi atingido pelo cometa Shoemaker-Levy, surgiram inevitáveis comentários sobre as possíveis consequências se o fato tivesse ocorrido na Terra. Sem qualquer intenção de criar uma situação de pânico, pode-se afirmar que essa possibilidade não é nula.

Na última década do século passado, foi desenvolvido um telescópio de alta resolução, obtida pela aplicação de CCD (charge coupled device, dispositivo de carga acoplado), um elemento da imagem da câmera de vídeo, sobre uma lente óptica. Descobriu-se com esse telescópio que cerca de cinquenta pequenos asteroides, com diâmetros em torno de 10 m, transitam todos os dias pelo espaço entre a Lua e a Terra.

Além disso, segundo um órgão de defesa contra mísseis dos Estados Unidos, em 20 anos de observações, detectou-se a queda de meteoritos com cerca de 10 m de diâmetro numa freqüência de sete vezes por ano. A energia da colisão de cada um desses meteoritos é comparável à da bomba atômica lançada sobre Hiroshima, na Segunda Guerra Mundial.

O possível corpo celeste que caiu na Sibéria, em 1908, desapareceu no ar sem deixar qualquer cratera na superfície terrestre. Entretanto, numa enorme área ao redor, as árvores tombaram concentricamente, e pelo menos metade do mundo sentiu o impacto. Imagina-se que o diâmetro daquele suposto meteorito teria cerca de 50 m. A possibilidade de um meteorito desse tamanho colidir com a Terra é de uma em várias centenas de anos (veja a Fig. 8-1 e a referência bibliográfica 1). Segundo cálculos do Instituto de Pesquisas de Asteroides, dos Estados Unidos, o impacto seria comparável ao das modernas armas nucleares.

Estima-se em 10 km o diâmetro do meteorito que causou a extinção dos dinossauros. Entretanto meteoritos com cerca de 70 m de diâmetro têm colidido com a Terra com frequência de um a cada 500 anos. A energia total liberada, nesses casos, compara-se à da maior experiência nuclear até hoje realizada.

O período histórico do ser humano mal chega a 10 mil anos. Com frequência de uma vez a cada 10 mil anos, corpos celestes de até 100 m de diâmetro podem se chocar com a Terra e provocar acentuadas mudanças climáticas. É também possível que, com frequência de uma vez em alguns milhões de anos, a Terra seja atingida por corpos celestes de 2 km de diâmetro, provocando calamidades de escala mundial, com a provável eliminação de grande parte da humanidade.

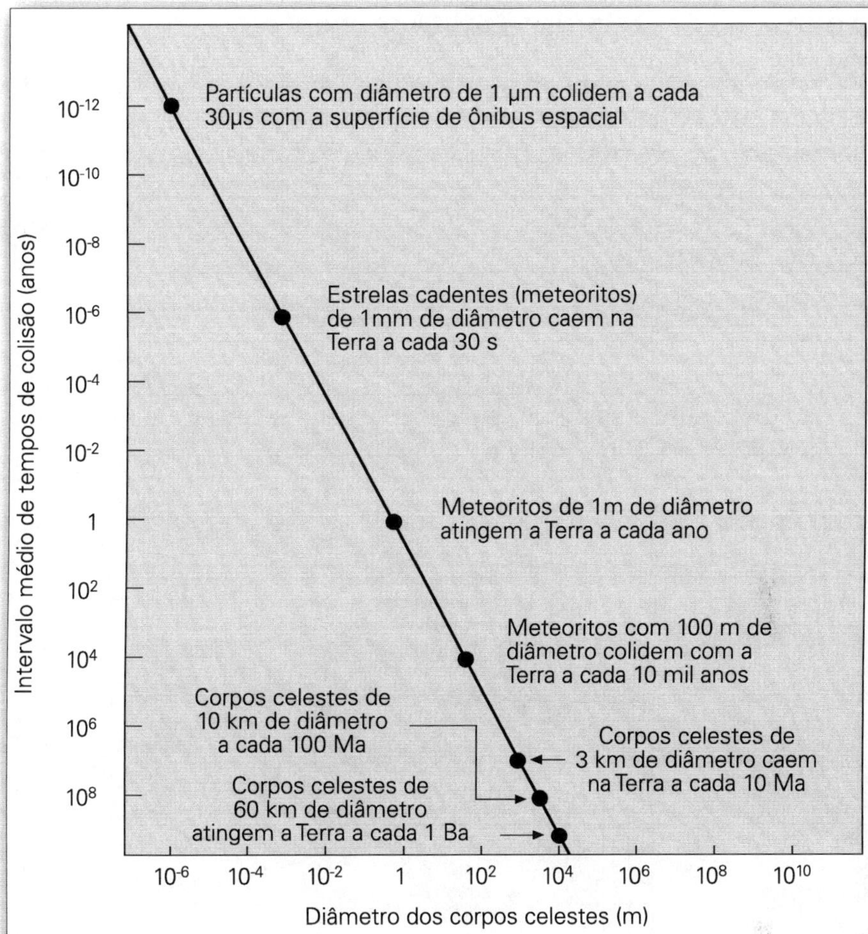

FIGURA 8-1 Probabilidade de colisão de corpos celestes de variadas dimensões com a Terra. O intervalo temporal médio aumenta conforme o tamanho do corpo celeste. O impacto de um objeto celeste com 10 km de diâmetro (o que ocorre a cada 100 milhões de anos) pode extinguir a vida na Terra.

Embora não se tenha ideia de quando ocorrerá a colisão, em termos de probabilidade constitui uma certeza. Pelo efeito que produzirá sobre a Terra, envolve uma força muito além do poder de destruição do ambiente terrestre pelo ser humano.

Embora possamos viver ignorando esse fato, quando se vislumbra a Terra em escala universal, uma realidade inimaginável torna-se aparente. Nesses termos, acreditar que o ser humano seja capaz de destruir a Terra seria, antes, uma pretensão desmesurada desse insignificante ser. Quanto mais se conhece sobre a Terra e o universo, mais fica evidente a nossa ignorância!

Compreensão total da dinâmica terrestre

Tentativas para desvendar novas realidades já tiveram início. Trata-se do projeto internacional Missão Para o Planeta Terra (Mission to Planet Earth), que envolve os Estados Unidos (através da Nasa) e vários outros países (ver boxe). Nesse projeto (Fig. 8-2 e referência bibliográfica 8), prevê-se a colocação em órbita de cerca de trinta satélites de observação, entre 1990 e 2010, para tentar esclarecer vários aspectos da dinâmica terrestre.

Nosso conhecimento sobre a Terra recebeu um súbito avanço, especialmente nos últimos 25 anos, pelo acúmulo de informações advindas de perfurações submarinas profundas, satélites artificiais e equipamentos de investigações interplanetárias. Mas os conhecimentos adquiridos correspondem a uma iniciação nesse assunto, permanecendo ainda com vários pontos obscuros.

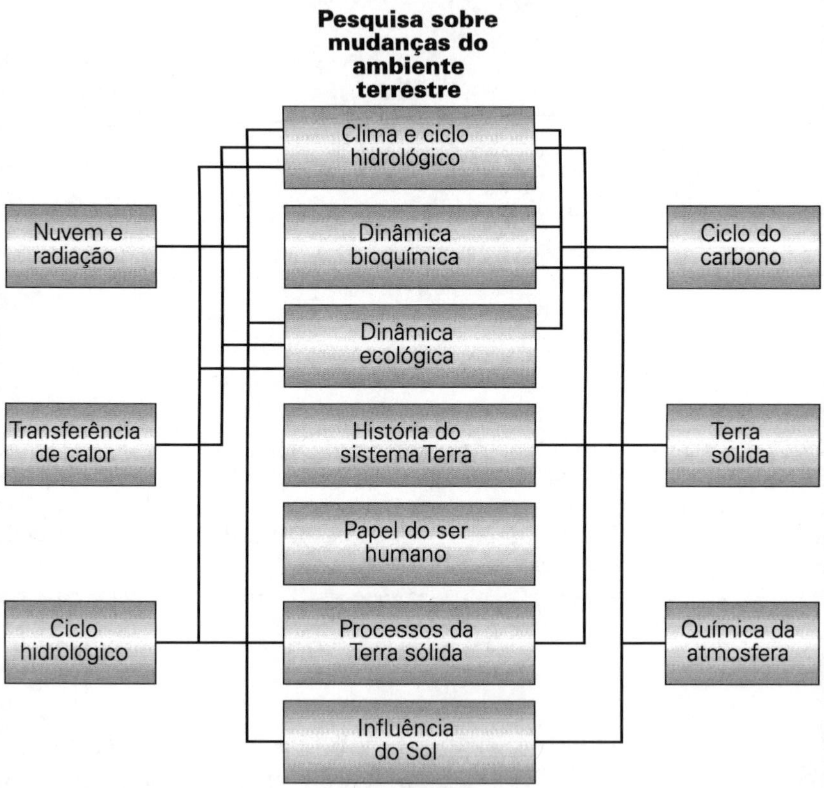

FIGURA 8-2 Medições e observações em andamento na Missão Para o Planeta Terra. Esse projeto internacional busca elaborar um modelo para previsão de mudanças nos ambientes do planeta, baseado na interpretação das várias causas que interferem nas condições ambientais e climáticas.

Missão Para o Planeta Terra

Esse é um projeto internacional com participação conjunta dos Estados Unidos (Nasa), Canadá, Japão e Rússia, além da Europa. Iniciado em 1991, com previsão para duas décadas de pesquisa, mantinha-se em pleno andamento em 2003. Estava planejada a colocação em órbita de satélites equipados com instrumentos de precisão para medições da atmosfera superior da Terra, da dinâmica solar, dos oceanos e das chuvas tropicais, além da tentativa de previsão de erupções vulcânicas e terremotos. Em agosto de 1996, o Japão colocou em órbita o satélite ADEOS-I, que funcionou até junho de 1997. Durante sete meses, este satélite transmitiu dados, que consistiam em mapeamentos globais ligados ao buraco de ozônio, aos teores de clorofica nos oceanos e aos aerossóis atmosféricos. Em maio de 2002 os Estados Unidos, em associação com o Japão e o Brasil (Instituto Nacional de Pesquisas Espaciais — INPE), lançaram o satélite EOS-PM1 (AQUA). Além disso em dezembro de 2002 o Japão também colocou em órbita o satélite ADEOS-II, que está em funcionamento.

O sistema de autorregulação natural da Terra é sem dúvida bastante eficiente. Por outro lado, é evidente que o ser humano — tão frágil como uma delgada lâmina de vidro — está hoje em dia transformando rapidamente o ambiente terrestre. Entretanto, bem antes que a nave interplanetária Terra esteja destruída, com certeza seus "tripulantes" não resistirão às modificações por eles próprios introduzidas.

Para que isso não aconteça, os seres humanos deveriam conhecer melhor seu planeta. Não se pode prever os resultados do citado projeto, que deverá despender 20 anos em pesquisas. É até possível que tudo o que conhecemos até o momento acabe completamente modificado.

Embora o ser humano seja um elemento muito frágil em relação à Terra, tem sido ele o principal responsável pelo enorme prejuízo causado a outros seres vivos. Além disso, é evidente que ele tem danificado o ambiente terrestre de maneira irrecuperável, pelo menos na escala temporal da vida humana.

Colocado no topo da vida terrestre, que evoluiu por 4,6 bilhões de anos graças a circunstâncias muito favoráveis, não caberia ao ser humano esclarecer toda a dinâmica terrestre? Além disso, não seria até uma obrigação sua colocar a sabedoria — contida na mensagem de 4,6 bilhões de anos de transformações — a serviço da preservação do planeta e da vida sobre ele?

Não há dúvida, portanto, de que o destino do ambiente terrestre está nas mãos do ser humano!

Referências bibliográficas

Bibliografia consultada

BARBREE, J. & MARTIN, C., *A journey through time*. Penguin Books, Inglaterra, 1995.

COMISSÃO EDITORIAL DA UNIVERSIDADE DE TOKAI, *A geologia histórica do Arquipélago Japonês*. Novo Curso de Educação Geológica, n.º 8, Japão (em japonês), 1995.

FUJITA, Y. *et al*, *À procura de novo ponto de vista da Terra*. Aichi-shuppan, Japão (em japonês), 1993.

GAKKEN, *Nova teoria quântica*. Nova Série de Teoria Científica, n.º 14, Japão (em japonês), 1991.

GAKKEN, *Teoria evolutiva da biosfera*. Nova Série de Teoria Científica, n.º 27, Japão (em japonês), 1995.

GAKKEN, *O perigo da ciência*. Nova Série de Teoria Científica, n.º 30, Japão (em japonês), 1995.

GOUDIE, A., *The changing Earth*. Blackwell Publishers, Inglaterra, 1995.

ITO, K., *O que é caos*? Daiyamondo-sha, Japão (em japonês), 1993.

KOGURE, Y., *Mecânica quântica em figuras*. Nippon-jitsugyo-shuppan-sha, Japão (em japonês), 1993.

NISHIJIMA, K., *Contra a teoria da unificação de partículas elementares*. Biblioteca Científica Iwanami 20. Iwanami-shoten, Japão (em japonês), 1995.

SAITO, Y., *Interpretando o passado geológico do Arquipélago Japonês*. Interpretação de cenários, n.º 8. Iwanami-shoten, Japão (em japonês), 1992.

SAKURAI, K., *O universo tem "vontade própria"*. Kresto-sha, Japão (em japonês), 1995.

TAIRA, A., *O "nascimento" do Arquipélago Japonês*. Iwanami-shoten, Japão (em japonês), 1990.

WADA, S., *O universo antes da Grande Explosão*. Iwanami-shoten, Japão (em japonês), 1992.

WADA, S., *A imagem do mundo segundo a mecânica quântica*. Kodan-sha, Japão (em japonês), 1994.

Bibliografia citada

(1) Koshiishi, H., *Grande colisão entre a Terra e um asteroide*. Kosaido-shuppan, Japão (em japonês). 1994.

(2) Shimamura, h., *Cinquenta histórias para entender a Terra*. Novo livro para juventude da Iwanami. Iwanami-shoten, Japão (em japonês), 1994.

(3) Sumi, A., *Como é determinado o clima da Terra?* Pensando sobre a Terra em conjunto, n.º 4. Iwanami-shoten, Japão (em japonês), 1993.

(4) Tsuchida, A., *Entropia e ecologia*. Daiyamondo-sha, Japão (em japonês), 1994.

(5) Hamano, Y., *Pensando no centro da Terra*. Pensando sobre a Terra em conjunto, n.º 1. Iwanami-shoten, Japão (em japonês), 1993.

(6) Masuda, F., *Mudanças rítmicas da Terra*. Pensando sobre a Terra em conjunto, n.º 3. Iwanami-shoten, Japão (em japonês), 1993.

(7) Maruyama, S., *O que a Terra tem feito em 4,6 bilhões de anos*. Pensando sobre a Terra em conjunto, n.º 2. Iwanami-shoten, Japão (em japonês), 1993.

(8) Gakken, *Nova teoria sobre a Terra*. Nova série de teoria científica, n.º 23, Japão (em japonês), 1993.

(9) Gakken, *A ciência da extinção*. Nova série de teoria científica, n.º 25, Japão (em japonês), 1994.

(10) Asahi Shimbun-Sha, *Nova ciência da Terra*. Magazine sobre um tema Asahi, n.º 11, Japão (em japonês), 1993.

(11) Nippon-Hoso-Shuppan-Kyokai, *A miraculosa explosão evolutiva: A estratégia da invasão dos continentes pelos peixes*. A remota viagem da vida há 4 bilhões de anos, n.º 2, Japão (em japonês), 1994.

(12) Cattermole, P., *Earth and other planets*. Oxford University Press, Inglaterra, 1995.

(13) Osborne, R. & Tarling, D., *The historical atlas of the Earth*, Henry Holt & Co., 1996.

(14) Sagan, C., Pale blue dot. A. Mori (tradução para o japonês, 1996); *Rumo ao planeta* (A e B), Asahi Shimbun-sha, 1995.

(15) Ocean Drilling Program Long Range Plan (ODPLRP), *Understanding our dynamic Earth through ocean drilling*. Drilling Program Joint Oceanographic Institutions Inc., 1996.

(16) Intergovernmental Panel on Climate Change (IPCC), IPCC Third Assessment Report. Working Group I, *Summary for policymakers*,18 p., 2001.

Glossário

Abaixamento de nível do mar — Veja Descida de nível do mar.

Abrasão glacial — Desgaste mecânico (ou físico) de fragmentos de rochas ou minerais, transportados no seio de uma geleira, por atrito entre si ou com as paredes e fundos rochosos do vale glacial.

Ácido hidrociânico — Veja Cianeto de hidrogênio.

Ácido silícico — Existem vários tipos como, por exemplo, ácido ortossilícico (H_4SiO_4), ácido metassilícico (H_2SiO_3), etc. O primeiro é um pó branco, solúvel em água quente e em álcalis.

Acreção horizontal (ou alteral) — Acréscimo lateral de materiais sedimentares, como as areias que se acumulam na curva de um meandro fluvial (margem convexa) ou em zonas costeiras progradantes (com avanço do continente mar adentro) ou regressivas (nível marinho descensional).

Acreção vertical — Acréscimo vertical de materiais, como de sedimentos essencialmente síltico-argilosos, que ocorre em fundo lacustre ou de outros ambientes de águas calmas, pela superposição sucessiva de sedimentos de idades cada vez mais novas.

Aerossol — Suspensão de partículas de dimensões coloidais (poucos milésimos de milímetro) em meio fluido gasoso como, por exemplo, o aerossol marinho. Forma-se por efeito da quebra (ou arrebentação) das ondas em zonas costeiras. Sua influência pode chegar, verticalmente, até cerca de 2 km de altitude.

Agulha magnética — Pequena peça metálica, delgada e alongada, com magnetização permanente, usada na bússola. Ela se orienta segundo o campo magnético terrestre, de modo que uma das extremidades indica o norte e a outra aponta o sul.

Alga — Planta não vascular e clorofilada, sem raízes, folhas e nem caule, cujo corpo vegetativo é chamado de "talo". Corresponde também a uma das grandes subdivisões dos criptógamos avasculares. Quando possuem estruturas silicosas ou calcárias são mais facilmente preservadas como fósseis, ocorrendo do Pré-cambriano até hoje.

Alga primitiva — Planta nãovascular, clorofilada, sem raízes nem folhas e caules, cujo corpo vegetativo é chamado de "talo". Data dos primeiros tempos geológicos (Pré-cambriano) da existência desses vegetais.

Alga verde-azulada — Ser vivo que apresenta o processo de fotossíntese, com propriedade comum às bactérias. Hoje em dia, denomina-se mais comumente "cianobactéria". O tamanho das células varia de 1 a 2 µm. Distribui-se amplamente pelos mares, pântanos, solos, etc.

Alginita — Termo ligado à petrografia do carvão mineral. Corresponde à matéria orgânica amorfa e, ao lado da esporita, organita, cutinita e resinita, constitui as partículas orgânicas da exinita.

Alumínio — Elemento químico metálico, de número atômico 13 e peso atômico 26,97. Símbolo Al do latim alúmen (pedra ume) + inis + io. É um metal branco, muito leve e inoxidável ao ar seco ou úmido.

Ambiente deposicional — Meio limitado, espacial e temporalmente, na superfície terrestre, caracterizado por propriedades físicas, químicas e biológicas peculiares. Pode ser subaéreo, subaquático (águas doce, salobra ou salgada), e situar-se no interior de geleiras ou de cavernas (espélico).

Ambiente marinho raso — Ambiente submarino que se estende desde a planície de maré (em marés alta e baixa) ou praia (antepraia) até o limite da plataforma continental (profundidade média de 130 m). Esse ambiente perfaz cerca de 10% de todas as áreas oceânicas.

Ambiente redutor — Meio em geral subaquático, caracterizado por Eh (potencial de oxirredução) negativo, onde ocorre preservação de matéria orgânica. Nesse tipo de ambiente, o ferro é precipitado na forma de sulfeto, como pirita (FeS_2), que é dimorfa da marcassita.

Amônia — Solução aquosa do amônio, que é um gás incolor, alcalino, de odor penetrante, solúvel em água e composto de um átomo de nitrogênio (N) e três de hidrogênio (H).

Amplitude de maré — Diferença entre os níveis das marés alta e baixa. Varia entre menos de 2 m (micromaré), 2 a 4 m (mesomaré) e mais de 4 m (macromaré). Ao longo do litoral brasileiro, as costas sul e sudeste são de micromaré; as costas leste e nordeste são de mesomaré e a norte é de macromaré.

Anéis anuais — Feições rítmicas (repetitivas) de crescimento, observadas, por exemplo, em seções transversais de troncos de árvores de gimnospermas do hemisfério norte, tais como pinheiros, sequoias, etc. Além disso, os anéis mais desenvolvidos (espessos) podem indicar anos de climas mais quentes e/ou úmidos.

Anéis de crescimento — Veja Anéis anuais.

Anelídeo — Filo de animais invertebrados, que inclui os vermes segmentados.

Anfibólio — Grupo de minerais muito comum na composição de rochas ricas em ferro (Fe) e magnésio (Mg), de composição química relativamente complexa. São exemplos a hornblenda, tremolita, etc.

Anfibolito — Rocha cristaloblástica, isto é, de textura cristalina devido a recristalização metamórfica. Compõe-se essencialmente de anfibólio e plagioclásio (feldspato). O quartzo está ausente ou muito escasso.

Angiosperma — Planta com flores e sementes, altamente especializada. Sua existência estende-se do Jurássico até hoje e, juntamente com a gimnosperma , constitui o grupo informalmente chamado de "plantas superiores".

Anidrita — Mineral anidro (sem água), cristalizado no sistema ortorrômbico, de composição $CaSO_4$ (sulfato de cálcio). Ocorre comumente em camadas evaporíticas (depósitos salinos formados por evaporação).

Animal marinho — Ser organizado, que vive e se locomove nos mares e oceanos.

Animal vertebrado — Animal caracterizado pela presença de coluna vertebral. Constitui uma das grandes divisões do reino animal, ao lado do animal invertebrado.

Ano-luz — Unidade de distância usada em astronomia. Refere-se à distância percorrida pela luz, no vácuo, durante um ano, à velocidade aproximada de 300 mil km/s. Corresponde a cerca de 9,461 trilhões de quilômetros.

Anomalia climática — Irregularidade de precipitação pluvial e/ou de temperatura verificada no clima de uma região; é em geral de curta duração (semanas ou meses). Exemplo: anomalias atribuídas aos fenômenos El Niño e La Niña. Esse conceito não deve ser confundido com mudança climática.

Anóxico — Refere-se à qualidade de um evento, ou de um ambiente qualquer, de ser desprovido de oxigênio, apresentando portanto características redutoras, isto é, com baixo potencial de oxirredução.

Antropoide — Ser vivo de forma semelhante ao ser humano, representado por grandes símios catarrinos e sem cauda, geralmente bípedes, como o chimpanzé.

Aquecimento global — Fenômeno de incremento de temperatura, em escala global, que estaria sendo acompanhado pela subida de nível dos mares. A causa estaria ligada à intensificação do efeito estufa por ação antrópica.

Área cratônica — Local da superfície terrestre, em geral de grandes dimensões (centenas de milhares a milhões de quilômetros quadrados), apresentando relativa quiescência tectônica.

Areia — Sedimento composto de grãos minerais com diâmetros variáveis entre 0,062 e 2 mm. A areia mais comum é de composição quartzosa (SiO_2), mas existe também a calcária ($CaCO_3$), gipsítica ($CaSO_4 \cdot 2H_2O$), etc.

Areia magnética — Sedimento arenoso composto por grande frequência de magnetita , que é um mineral paramagnético, ou seja, com alta suscetibilidade magnética.

Argônio — Um dos gases que constituem o ar atmosférico, de número atômico 18 e símbolo A. O nome provém do grego argon (inativo) + io.

Aridificação — Processo de transformação de uma região, que torna o clima mais árido (menos chuvoso). O processo não depende apenas da redução de pluviosidade, mas também do incremento de temperatura, que aumenta a evaporação.

Armadilha petrolífera — Veja Trapa petrolífera.

Arqueano (ou Arqueozóico) — Termo que significa "antigo". É usado para referir-se às rochas mais antigas do Pré-cambriano, entre 2,4 a 4,6 bilhões de anos de idade.

Arqueozoico — Veja Arqueano.

Assoalho oceânico — Veja Fundo oceânico.

Astenosfera — Parte do manto terrestre onde ocorrem movimentos plásticos, que permitem rearranjos isostáticos. Deve iniciar-se entre 50 a 100 km da superfície e estender-se talvez até cerca de 500 km de profundidade. Acredita-se que as placas litosféricas se movam sobre a astenosfera.

Asteroide — Pequenos planetas situados entre as órbitas de Marte e Júpiter. Até hoje foram identificados mais de 1.600, numerados pela ordem de descoberta. A maioria possui diâmetros entre 20 a 80 km. Estima-se que o número total de asteroides chegue a 30 mil ou 40 mil. Ainda não se conhece suficientemente bem a origem dos asteroides.

Astro — Veja Estrela.

Astroblema — Cicatriz antiga de erosão da superfície terrestre produzida pelo impacto de corpos celestes (meteoritos, cometas, etc.). Caracteriza-se comumente por contorno circular e rochas muito perturbadas nas adjacências, evidenciando forte impacto. Um exemplo de astroblema, conhecido pelo menos desde o início da década de 1960, encontramos em Colônia (área metropolitana de São Paulo).

Astrofísica — Área de estudo em que os corpos celestes e o universo são pesquisados sob o ponto de vista da Física. Abrange quase todos os campos da Astronomia, embora alguns deles, como a mecânica celeste, não sejam normalmente incluídos.

Atividade dinâmica — Qualquer tipo de ação envolvendo intensa movimentação como, por exemplo, de ondas agindo sobre areias em uma praia.

Atividade geológica pretérita — Qualquer tipo de ação desenvolvida naturalmente pela Terra no passado, tais como epirogenia (formação dos continentes), orogenia (origem das montanhas), etc.

Atividade humana — Qualquer tipo de trabalho exercido pelo ser humano.

Atividade vulcânica (vulcanismo) — Fenômeno associado à efusão de lavas e gases por um vulcão, e que conduz à construção de um edifício vulcânico, à sedimentação de depósito piroclástico, a terremoto de origem vulcânica, etc.

Atlântico (Oceano) — Oceano situado entre as Américas do Norte e do Sul, Islândia, Europa, África e Antártida, exclusive Golfo do México. É o segundo maior oceano da Terra, ocupando uma área de 82,440 milhões km^2. Sua profundidade média situa-se em torno de 3.926 m, sendo a máxima 8.605 m (Fossa Submarina de Porto Rico).

Atmosfera — Camada gasosa que envolve a Terra. É composta, de baixo para cima, pela troposfera (0 a 10 km), pela estratosfera (10 a 80 km) e pela ionosfera (acima de 80 km), camadas caracterizadas por temperaturas, pressões e composições químicas peculiares.

Atmosfera atual — A troposfera (0 a 10 km) e a parte inferior da estratosfera (10 a 80 km) são compostas pelo ar atmosférico, mas a parte superior da estratosfera e a ionosfera (acima de 80 km) apresentam composição química diferente, sendo formadas por átomos de hidrogênio (H) e hélio (He) ou oxigênio (O), nitrogênio (N) e sódio (Na) ionizados. O ar atmosférico atual é composto por 78,09% de nitrogênio, 20,95% de oxigênio, 0,93% de gases nobres e 0,03% de dióxido de carbono, em porcentagens de volumes.

Atmosfera primitiva — Atmosfera terrestre nos primórdios da evolução do planeta. Era composta essencialmente por vapor de água (H_2O) e dióxido de carbono (CO_2), mas gradualmente enriqueceu-se em oxigênio, com o surgimento das plantas fotossintetizadoras.

Azoto — Veja Nitrogênio.

Bacia sedimentar — Área topograficamente deprimida (rebaixada) e preenchida por espesso pacote (alguns milhares de metros até cerca de 10 km) de sedimentos de diversas naturezas e origens. No Brasil, a maior bacia sedimentar é a Bacia do Paraná, que se estende por uma área de cerca de 1 milhão de km^2 no Brasil e 400 mil km^2 em outros países da América do Sul.

Bactéria — Microorganismo unicelular sem clorofila, que se apresenta com formas variadas (filamentos, glóbulos, etc.). Ocorre em inúmeras partes da superfície terrestre e pode causar vários tipos de doenças em seres humanos, animais e plantas. Mas existem bactérias que promovem atividades benéficas nos solos, nas águas, etc.

Bário — Elemento químico metálico, alcalino, ferroso, de número atômico 56, peso atômico 137,36 e símbolo Ba. É um metal branco-prateado [do grego barys (pesado) + io].

Basáltica — Refere-se à natureza de uma rocha que é formada essencialmente de basalto.

Basalto — Rocha extrusiva (derrame) composta essencialmente de plagioclásio (feldspato) cálcico e piroxênio, com ou sem olivina. Os dois últimos minerais são ricos em ferro e magnésio. Em geral caracterizam-se pela cor escura (cinza a preta) e densidade maior que a do granito.

Biocenose — Unidade ecológica natural, composta por organismos que vivem juntos, como uma comunidade interrelacionada.

Bioquímico — Refere-se ao processo ou ao produto (substância) resultantes da atividade de organismos vivos, como os depósitos sedimentares bioquímicos, que podem ser exemplificados por recifes de corais e de algas.

Bivalve — Nome comum para moluscos, que apresentam conchas, em geral carbonáticas ($CaCO_3$), compostas de duas valvas iguais. Veja também Pelecípode.

Buraco negro — Representa um "verdadeiro ralo cósmico", que suga as estrelas e toda a matéria encontrada em suas proximidades. É formado a partir de estrelas gigantes, com massa até cerca de 100 vezes maior que a da Terra, cuja energia é consumida em apenas 10 milhões de anos. O que sobra da superestrela concentra-se numa massa cada vez menor e mais densa, com gravidade muito intensa, de cuja força de atração nem os planetas nem cometas — nem mesmo a própria luz —, conseguem escapar. No centro da Via Láctea, a galáxia do nosso Sistema Solar, haveria um buraco negro.

Cadeia Mesoatlântica — Cadeia montanhosa submarina, de origem vulcânica, que se estende na direção aproximadamente norte-sul, no centro do Oceano Atlântico.

Cadeia mesoceânica — Cadeia montanhosa contínua, caracterizada por sismicidade (terremotos), que se estende pelas porções medianas dos oceanos Atlântico (norte e sul), Índico e Pacífico sul. Representa uma ampla intumescência fraturada, com um vale de afundamento central exibindo topografia muito acentuada. Apresenta 1 a 3 km de altura, cerca de 1.500 km de largura e mais de 84.000 km de extensão. Segundo a teoria de expansão do fundo submarino, corresponde à fonte de material crustal.

Calcário — Rocha composta essencialmente de carbonato de cálcio ($CaCO_3$), de origem muito diversificada. Existem calcários detríticos, químicos e bioquímicos. Talvez os relacionados a recifes de corais estejam entre os mais abundantes. Existe também o carbonatito, que é de origem magmática.

Calcário marinho — Rocha sedimentar composta essencialmente por carbonato de cálcio, depositado em ambiente marinho. Embora possam ocorrer calcários marinhos detríticos e químicos, a maioria deve ser de origem bioquímica. Exemplo: calcário de recifes de corais.

Calor solar — Forma de energia que se traduz por aumento de temperatura, produzida pela radiação proveniente do Sol.

Calota antártica — Capa de gelo que recobre o continente antártico, estendendo-se por uma superfície de cerca de 13,6 milhões de km^2. A espessura média atual do gelo é de 2.450 ± 50 m.

Calota glacial — Grande massa de gelo, de 2 a 3 km de espessura, ligada à glaciação continental (ou de latitude), formada em regiões polares. No Pleistoceno (Período Quaternário) existiam calotas glaciais, como a Laurenciana (América do Norte) e a Alpina (região dos Alpes). Hoje em dia, a Antártida e a Groelândia são cobertas por calotas glaciais.

Camada de ozônio — Camada atmosférica a cerca de 25 km de altura, onde se concentra a maior parte do ozônio (O_3) existente no ar. Aproximadamente 90% do ozônio atmosférico está presente na estratosfera. Grande parte dos raios ultravioleta do Sol, prejudiciais aos organismos terrestres, é absorvida pela camada de ozônio.

Câmara magmática — Gigantesco reservatório no interior da crosta, a várias dezenas de quilômetros de profundidade, que é preenchido por magma (rocha fundida).

Campo magnético terrestre — Campo de força gerado pela dinâmica das correntes de convecção do interior do núcleo, e mantido pelo princípio do dínamo. Em geral, ele é bipolar. Acredita-se que o campo magnético terrestre seja gerado pela interação entre a crosta e o núcleo terrestres.

Campo petrolífero — Área geográfica que, determinada por uma evolução geológica pretérita favorável, armazena petróleo de valor econômico comprovado, como os encontrados na Bacia de Campos (RJ).

Canhão submarino — Veja Vale submarino.

Carbonífero — Penúltimo período da Era Paleozoica, compreendido entre 362,5 e 290 milhões de anos. Foi nesse período que se formou a maioria dos depósitos de carvão mineral do mundo, inclusive os do Brasil, cujas minas encontram-se principalmente nos estados do Rio Grande do Sul e de Santa Catarina.

Carbono — Elemento químico não metálico, de número atômico 6, massa atômica 12,01115 e fórmula C. É um componente essencial de todos os seres vivos (animais e vegetais), bem como do carvão mineral e petróleo. Possui os isótopos ^{12}C, ^{13}C e ^{14}C, sendo os dois primeiros estáveis e o último naturalmente radioativo.

Carvão mineral — Rocha de origem orgânica (vegetal) contendo mais de 50% em peso ou mais de 70% em volume de material carbonoso, além da umidade. É formado por compactação e litificação (endurecimento) e, consequente desidratação, de restos vegetais. Diferenças nos tipos de vegetais, grau de diagênese (alteração pós-soterramento) e de impurezas (cinzas) são usadas na classificação do carvão mineral.

Cefalópode — Invertebrado marinho caracterizado por uma cabeça circundada por tentáculos, sem exoesqueleto (esqueleto externo). Na formas de fósseis, encontram-se conchas espiraladas e enroladas de calcários, correspondentes a exoesqueletos, subdivididas em numerosas câmaras. Exemplo: *Ammonite*, encontrado no Cretáceo do Nordeste brasileiro, como na Bacia Sergipe-Alagoas.

Cenozoico — Veja Era Cenozoica.

Centro de gravidade — Ponto pelo qual um corpo, ao ser suspenso ou pesado, mantém-se em equilíbrio, qualquer que seja sua posição.

Cera — Veja Parafina.

Chaminé vulcânica — Veja Torre vulcânica.

Cianeto de hidrogênio — Composto químico cuja fórmula química é HCN. Também denominado "ácido hidrociânico".

Cicadácea — Planta terrestre surgida no Triássico e que atingiu o seu clímax na Era Mesozóica. Entre seus gêneros de fósseis representativos, citam-se a *Nilssonia* e *Beania* e, entre os viventes, a *Cyca* e a *Zamia*.

Ciclo — Modificação temporal detectável em fenômenos que ocorrem na superfície terrestre e que se repete com duração aproximadamente igual por diversas vezes. É um termo frequentemente empregado como sinônimo de "ritmo".

Ciclo hidrológico — Ciclo completo de fenômenos físicos pelos quais passa a água. Inicia-se como vapor de água atmosférico, passando, a seguir, pelas formas líquida e sólida como precipitação atmosférica para, depois, escoar e/ou infiltrar-se e, finalmente, retornar, em parte, para a atmosfera por meio da evaporação e/ou transpiração.

Ciclo de Milankovitch — Veja Teoria de Milankovitch.

Ciclo vegetativo — Período de tempo durante o qual se efetuam as funções de nutrição e reprodução, tanto de vegetais como de animais.

Ciclotema — Ciclo deposicional contendo camadas de carvão mineral. Constitui uma sucessão de camadas sedimentares, que se inicia com arenito fluvial, passa para sedimentos de águas salobras e, finalmente, marinhos, antes de iniciar novo ciclo. O conjunto de ciclos pode chegar a alguns milhares de metros de espessura.

Cinturão vulcânico — Disposição espacial, em planta, de vulcões em arranjos lineares ou arqueados, em geral de grande extensão e confinada a orógenos (faixas orogênicas). É encontrado, por exemplo, ao longo de margens continentais ativas (tipo Pacífico) ou no interior de bacias oceânicas, principalmente ao longo de cadeias mesoceânicas.

Circulação atmosférica — Processo natural de movimentação de massas de ar promovido por diferenças de temperatura e/ou densidade, e de grande importância na homogeneização regional de suas propriedades. Entre essas propriedades temos, por exemplo, a composição química. A circulação atmosférica interfere nos climas.

Circulação oceânica — Movimentação de massas de água que ocorre nos oceanos. Existe a circulação oceânica superficial, fortemente influenciada pelos ventos, e a circulação profunda, relacionada às diferenças de salinidade e/ou temperatura das águas.

Clima — Soma total dos parâmetros meteorológicos que caracterizam as condições médias e extremas da atmosfera, em um longo período de tempo (no mínimo alguns anos), em um ponto ou área da superfície terrestre. Em geral, o clima é caracterizado pela pluviosidade e temperatura.

Cobre — Elemento químico metálico, de número atômico 29, massa atômica 63,54 e símbolo Cu. É um metal avermelhado, mole, dúctil, tenaz e bom condutor de eletricidade (do latim cupru).

Combustível fóssil — Depósito natural de matéria orgânica, que contém armazenada a energia solar e que pode ser usado como fonte de energia térmica. Como principais exemplos citam-se petróleo, gás natural, carvão mineral, folhelho pirobetuminoso e arenito asfáltico.

Cometa — Corpo celeste do Sistema Solar formado por aglomeração de partículas de gelo e poeira, que gira em torno do Sol. Um cometa é formado por cabeça, núcleo e cauda. A cauda é composta de material gasoso e pode atingir mais de 10 bilhões de km de comprimento.

Conodonte — Fóssil de "dente" ou semelhante à "mandíbula", composto de fosfato de cálcio, de afinidade biológica incerta. Tem sido encontrado em sedimentos de idades variáveis desde a Era Paleozoica ao Período Cretáceo da Era Mesozoica. Ocorre, por exemplo, no Paleozoico da Bacia Amazônica.

Conteúdo de dióxido de carbono — Expressa o teor desse gás na atmosfera. Na atmosfera primitiva era um dos principais componentes, ao lado do vapor de água, mas atualmente seu teor é de cerca de 0,03% em porcentagem de volume.

Continente — Grande massa de terra que emerge, mais ou menos abruptamente, acima do fundo oceânico profundo, inclusive em áreas marginais submersas de águas rasas. Atualmente os continentes ocupam cerca de 1/3 da superfície terrestre.

Corpo celeste — Qualquer corpo do espaço sideral de tamanho e composição variáveis, tais como planeta, satélite, asteroide, cometa, etc.

Corpo elástico — Corpo que apresenta a razão plasticidade/deformação constante. No limite de pequenas deformações, a maioria dos corpos comporta-se como corpo elástico. Em relação às ondas sísmicas, as rochas que constituem a Terra podem ser encaradas como elásticas.

Correlação sedimentológica — Comparação estatística de sedimentos entre si com base em suas propriedades, tais como granulometria, composição mineralógica, cor, etc.

Corrente de convecção — Mecanismo dinâmico de transferência de matéria, provocado por diferenças de densidade, em geral promovido por aquecimento. É característica do ar atmosférico e dos corpos de água. Por extensão, usa-se também para a dinâmica interna da Terra.

Corrente de convecção colunar — Corrente de convecção (do ar atmosférico, dos corpos de água ou relacionada à dinâmica interna da Terra) que, durante sua propagação, adota geometria verticalizada.

Corrente fria — Veja Corrente oceânica.

Corrente geostrófica — Corrente de fundo resultante da circulação termoalina da água oceânica sobre a Terra em rotação. Flui paralela aos contornos batimétricos, ocorrendo mais comumente no sopé continental dos oceanos modernos, dando origem a um sedimento conhecido como contornito (sinônimo: "corrente de contorno").

Corrente oceânica — Refere-se a movimentos de águas oceânicas por causas não relacionadas às marés e que constitui o padrão de circulação global como, por exemplo, as correntes do Golfo e do Kuroshio. Algumas dessas correntes são frias e outras são quentes e, desse modo, interferem nos climas das regiões adjacentes.

Corrente quente — Veja Corrente oceânica.

Cretáceo — Veja Período Cretáceo.

Crosta oceânica — Tipo de crosta terrestre, subjacente às bacias oceânicas, de composição essencialmente basáltica. Na sua constituição predominam o silício e o magnésio, contrariamente à crosta continental, formada predominantemente por silício e alumínio. A crosta oceânica apresenta de 5 a 10 km de espessura, e sua densidade é de cerca de 3 g/cm^3. Veja Placa litosférica.

Datação — Ato ou processo de determinação das idades de eventos geológicos em número de anos; são empregados vários métodos, como os baseados em radioisótopos. Exemplo: método do radiocarbono.

Decomposição térmica — Alteração profunda através da separação em partes constituintes (por exemplo: elementos químicos) de uma substância por efeito de calor, isto é, aumento de temperatura. Por exemplo o calcário ($CaCO_3$) passa por decomposição térmica para CaO (cal) e CO_2 (dióxido de carbono).

Deformação crustal — Veja Movimento crustal.

Densidade — Representa massa ou quantidade de uma substância em gramas por centímetro cúbico. A densidade do mineral quartzo (SiO_2) , que é o mineral mais abundante na crosta terrestre, é de 2,65 g/cm^3. No sistema CGS, seu valor equivale ao do peso específico.

Depósito evaporítico — Sedimento de origem essencialmente química (ortoquímica), originado por evaporação natural de solução aquosa, como ocorre nas salinas. A formação desse depósito é favorecida por clima seco (árido ou semiárido) e ventoso. Muitas bacias sedimentares da costa brasileira, como a Bacia Sergipe-Alagoas, são caracterizadas por gigantescos depósitos evaporíticos contendo vários tipos de sal.

Depósito fluvioglacial — Sedimento transportado por geleira, que foi em seguida retrabalhado e redepositado por água de degelo. Esse retrabalhamento pode ocorrer no interior da geleira, como em depósito de "esker" ou na porção terminal de uma geleira, como em depósito de lavagem glacial. Exibe feições hidrodinâmicas características, como as estratificações cruzadas.

Depósito glacial — Sedimento transportado e depositado por ação direta de geleiras. Em geral exibe seleção pobre, tanto em termos granulométricos como mineralógicos. Outra feição comum é a ausência de estratificação, como em tills ou tilitos.

Depósito sedimentar — Acumulação, por transporte e deposição, de partículas sedimentares na superfície terrestre em meios (ambientes) subaquáticos ou subaéreos, subsequentemente aos processos de intemperismo e erosão. Em geral, o depósito sedimentar é composto de fragmentos de minerais ou rochas carreados mecanicamente e de minerais precipitados de forma química ou bioquímica.

Deriva continental — Conceito pelo qual os continentes podem derivar (migrar) sobre a superfície terrestre em função da "fluidez" da crosta oceânica, de modo análogo aos "icebergs", que flutuam nos oceanos próximos às regiões polares. Essa ideia, chamada de "teoria da deriva continental", foi proposta pelo meteorologista alemão Alfred L. Wegener (1880-1930).

Descida de nível do mar — Descensão do nível do mar em relação ao continente adjacente por diversas causas, entre as quais as de naturezas climática, tectônica (ligada à dinâmica crustal), etc.

Desertificação — Processo de deterioração ambiental resultante do rompimento da estabilidade da paisagem. Eventos catastróficos promovem erosão de vertentes, desnudamento de solos cultiváveis, formação de campos de dunas, etc. Normalmente são fenômenos mais comuns em desertos. Hoje em dia, comumente são induzidos pelos seres humanos, mesmo em regiões de clima não desértico, pela ocupação inadequada do espaço físico.

Devoniano — Quarto período geológico mais antigo da Era Paleozoica, compreendido entre 408,5 a 362,5 milhões de anos, isto é, entre os períodos Siluriano (mais antigo) e Carbonífero (mais novo). É comumente conhecido como "idade dos peixes".

Diatomácea — Alga unicelular e microscópica, que vive em água doce, salobra (estuarina) ou salgada (marinha). Secreta uma carapaça silicosa (sílica amorfa = opala), que pode acumular-se em grande quantidade, formando as terras de diatomáceas ou diatomitos.

Diatomito — Veja Diatomácea.

Diferenciação magmática — Processo geológico pelo qual diferentes tipos de rochas ígneas têm origem a partir de um único magma, ou pelo qual diferentes porções de uma única massa fundida assumem diversas composições e texturas, quando se solidificam. Os fatores que interferem são as diferenças de densidade e de viscosidade entre as substâncias componentes.

Dimensões planetárias — Referente a objetos de tamanho muito grande, como os planetas.

Dinâmica crustal — Tanto a crosta continental (granítica) quanto a crosta oceânica (basáltica) exibem atividades dinâmicas consubstanciadas, por exemplo, nas teorias da tectônica de placas e da isostasia.

Dinossauro — Réptil da subclasse Archosauria, que se diferencia dos outros répteis especialmente pelas feições dos ossos pélvicos. Os dinossauros eram carnívoros ou herbívoros, bípedes ou quadrúpedes, habitantes terrestres e de tamanhos moderados a grandes (algumas dezenas de toneladas). Sua distribuição temporal estendeu-se principalmente entre os períodos Triássico e Cretáceo.

Dióxido de carbono (gás carbônico) — Gás não inflamável, de composição química CO_2. Pode ser produzido artificialmente, mas também existe na natureza. Tem origem orgânica ou inorgânica; a primeira está mais comumente associada à queima de hidrocarbonetos (petróleo e gases naturais), enquanto que a segunda é principalmente de origem vulcânica.

Dióxido de enxofre — Gás incolor, pesado e pungente, formado primariamente pela queima de combustíveis fósseis. Esse gás danifica as vias respiratórias e a vegetação, sendo considerado um dos principais poluentes atmosféricos.

Dispersão — Ato ou efeito de espalhar, como a separação da luz branca em suas cores componentes, formando um espectro, por refração ou difração.

Domo vulcânico — Protrusão (intumescência) de lava vulcânica muito viscosa, que compõe uma massa em forma de domo (ou de bulbo) sobre e ao redor do conduto de passagem do magma.

Eclipse solar total — Aparente desaparecimento total do Sol pela interposição da Lua entre este e o observador, que se encontra na Terra.

Eclogito — Rocha granular de origem metamórfica (de alta pressão e alta temperatura), composta essencialmente de minerais dos grupos da granada (almandina e piropo) e piroxênio (onfacita).

Ecossistema — Conjunto integrado de fatores físicos, ecológicos e bióticos, que caracterizam um determinado sítio (lugar). Estende-se por um certo espaço físico de dimensões variáveis. Envolve fatores bióticos e abióticos, em sua funcionalidade, inclusive alguns sutis processos metabólicos. Exemplo: ecossistema humano, o sistema ecológico no qual a espécie-chave é o ser humano.

Ecossistema vegetal — Sistema ecológico no qual a espécie-chave é a vegetação.

Efeito estufa — Fenômeno de aquecimento que resulta da penetração relativamente mais fácil das radiações solares de ondas curtas provenientes do Sol. Essas radiações são, em grande parte, absorvidas pela superfície terrestre e suas proximidades. Já as radiações de ondas longas, refletidas pela Terra, encontram dificuldade para retornar ao espaço. Desse modo, acabam aprisionadas nas proximidades da superfície terrestre, causando o aquecimento, tal como numa estufa de vidro, daí o nome.

Efeito maré vermelha (ou maré vermelha) — Descoloração das águas superficiais, mais frequente nas zonas costeiras, causada por grande concentração de microorganismos (organismos microscópicos). Predominam os dinoflagelados, microorganismos marinhos providos de filamentos móveis, ora classificados como animais, ora como vegetais. Pode ou não ser tóxica.

Efusão — Derramamento mais ou menos calmo de lava líquida na superfície terrestre. É mais comum nas lavas básicas (pobres em silício e ricas em ferro e magnésio), em função da sua natureza mais fluida.

El Niño — Fenômeno de aquecimento das águas da Corrente de Humboldt, normalmente frias, na costa ocidental da América do Sul, causando chuvas torrenciais na costa peruana, uma área normalmente muito seca. Por ocorrer perto do Natal, recebeu esse nome ("O Menino") em alusão ao menino Jesus. O El Niño afeta o clima mundial, especialmente o do Brasil; nos anos em que atua, o sul do nosso país é atingido por chuvas torrenciais e inundações, ao passo que a Amazônia e o Nordeste experimentam longas severas estiagens.

Elemento químico — Substância simples formada de átomos com mesmo número atômico e que, portanto, não pode ser decomposto. Exemplos: ferro (Fe), alumínio (Al), hidrogênio (H), etc.

Elemento radioativo — Elemento químico capaz de transformar-se espontaneamente em outro elemento, pela emissão de partículas de seus núcleos atômicos. No caso do urânio (U), por exemplo, todos os isótopos conhecidos são radioativos; já no caso do potássio (K) somente um deles (^{40}K) é radioativo. Poucos elementos são naturalmente radioativos, mas isótopos radioativos podem ser obtidos artificialmente da maioria dos elementos químicos.

Elevação de nível do mar — Ascensão do nível do mar em relação ao continente adjacente por várias causas, entre as quais as de naturezas climática, tectônica (ligada à dinâmica crustal), geoidal, etc.

Eliminação parcial — Quando a causa da destruição não é tão extrema, os seres vivos mais bem adaptados de um grupo podem subsistir parcialmente.

Energia geotérmica — Energia interna da Terra, na forma de calor, disponível ao ser humano através de rochas e águas aquecidas, como acontece na cidade de em Poços de Caldas (MG) e também Caldas Novas (GO). Em alguns países, como o Japão e a Islândia, a energia geotérmica constitui uma fonte alternativa de produção de energia elétrica.

Energia solar — Denominação genérica para toda forma de energia proveniente da radiação solar. É uma designação coletiva para as ondas eletromagnéticas cujo maior comprimento de onda situa-se ao redor de 0,47 µm. Cerca de metade das ondas de radiação solar é visível, e a outra metade compõe-se principalmente de raios infravermelhos e por menor quantidade de raios ultravioleta. A energia solar é parcialmente absorvida, dispersada ou refletida pela atmosfera terrestre, antes de chegar à superfície terrestre.

Energia térmica — Capacidade de produção de determinada quantidade de trabalho de natureza calorífica.

Entropia — Medida da energia indisponível num sistema, isto é, energia que não pode ser convertida em outra forma de energia. Nesse caso, necessariamente ela terá de ser eliminada, como, por exemplo, os gases expelidos pelo escapamento de um motor de combustão interna.

Entropia térmica — Medida da energia térmica que não pode ser convertida em outra forma utilizável de energia, como, por exemplo, aquela que causa poluição térmica pelo aquecimento ou resfriamento em processos industriais.

Enxofre — Elemento químico não metálico, sólido, de número atômico 16, massa atômica 32,064 e símbolo S.

Eopaleozoico — Termo usado para referência à porção mais antiga da Era Paleozoica, quando não se conhece exatamente a idade de um evento, de uma rocha ou de um fóssil, embora se admita que seja do início daquela era.

Epicentro — Ponto sobre a superfície terrestre exatamente acima do foco de um terremoto.

Era Cenozoica — Última das subdivisões em eras do tempo geológico, isto é, de cerca de 65 milhões de anos até o presente. Compreende os períodos Terciário e Quaternário, que são caracterizados pelos mamíferos.

Era Mesozoica — Penúltima das subdivisões em eras do tempo geológico, isto é, de cerca de 230 até 65 milhões de anos. Comporta os períodos Triássico, Jurássico e Cretáceo, do mais antigo para o mais novo. Os dinossauros são os animais mais representativos dessa era.

Era Paleozoica — Antepenúltima das subdivisões em eras do tempo geológico. Situa-se entre as eras Pré-cambriana e Mesozoica, isto é, entre 570 e 230 milhões de anos. É subdividida nos períodos Cambriano, Ordoviciano, Siluriano, Devoniano, Carbonífero e Permiano, do mais antigo para o mais novo.

Erupção vulcânica — Atividade de um vulcão, que promove a efusão de magma (rocha fundida) e o escape de gases (CO_2, H_2O, etc.) na superfície terrestre. Pode desenvolver-se de maneira calma (magma pobre em SiO_2) ou explosiva (magma rico em SiO_2).

Espaço sideral — Local ocupado por corpos celestes, como os planetas, cometas e estrelas.

Estado fluido — Estado da matéria em que as partículas componentes exibem um arranjo desordenado, permitindo que seja deformada quando submetida a esforço.

Estado sólido — Estado da matéria em que as partículas componentes apresentam um arranjo ordenado, com forma e volume definidos, não permitindo que seja deformada mesmo quando submetida a esforço.

Estanho — Elemento químico metálico, de número atômico 50, massa atômica 118,69 e símbolo Sn. É um metal branco, muito brilhante, dúctil e maleável (do latim stanneu).

Estrela — Astro com luz e calor próprios e que apresenta um brilho cintilante como, por exemplo, o Sol. Quando não apresenta essas propriedades, temos uma estrela morta.

Estrela morta — Veja Estrela.

Estromatólito — Estrutura algácea (ou algálica) de forma dômica, colunar ou hemisférica, e de dimensões variáveis (milímetros a dezenas de metros). Internamente é composta de lâminas sucessivas, convexas, para cima, de calcita ($CaCO_3$) ou dolomita [$CaMg(CO_3)_2$]. Ocorre do Pré-cambriano até hoje. Sua origem é atribuída a algas cianofíceas.

Estrutura almofadada — Veja Lava basáltica.

Estrutura biogênica — Feição em geral macroscópica, produzida por interferência de organismos como, por exemplo, as perturbações originadas por vegetais (fitoturbações) e por animais (zooturbações).

Estrutura geológica — Nos corpos rochosos, refere-se à forma e à posição modificadas por movimentos crustais, produzindo falhas e dobras de vários tipos. A escala é variável, desde grande (mapeável) até pequena (encontrada em amostras de mão).

Estrutura interna — Maneira especial de organização dos constituintes da parte interior de um corpo rochoso.

Estudo paleomagnético — Pesquisa relacionada ao paleomagnetismo, que trata da polarização das rochas. Essa propriedade acha-se preservada desde a acumulação dos sedimentos ou a solidificação do magma. As partículas de minerais paramagnéticos, como a magnetita, permanecem orientadas em obediência ao campo magnético existente na época, no local.

Estudo paleontológico — Ramo da ciência que versa sobre a pesquisa de restos fossilíferos de animais (paleozoologia) e vegetais (paleobotânica), além de sinais de vida (icnofósseis ou fósseis-traço).

Etano — Gás incolor e estável, do grupo dos hidrocarbonetos saturados.

Eurásia — Designação atribuída ao conjunto das terras da Europa e da Ásia.

Evaporação — Fenômeno físico através do qual líquidos ou sólidos passam para o estado gasoso. Em meteorologia, refere-se à passagem da água líquida para vapor de água. Sob determinada temperatura, a evaporação prossegue até que a pressão de vapor de água do ar atmosférico atinja o ponto de saturação, passando à condição de equilíbrio. O processo de evaporação ocorre através do aquecimento por fonte externa e, quando interrompido, a temperatura da própria água diminui.

Evaporítico — Veja Depósito evaporítico.

Evento cíclico — Grande parte dos fenômenos naturais, inclusive os geológicos, é de natureza cíclica, isto é, repetitiva. Alguns dos eventos geológicos cíclicos são a sedimentação, a erosão, a orogenia, etc.

Evento pretérito — Quaisquer acontecimentos do passado geológico, tais como, subida de nível relativo do mar, mudança climática, etc.

Evolução biológica — Corresponde ao último estágio de evolução da vida, quando se subdivide em química, bioquímica e biológica. Como o advento do fenômeno da fotossíntese data de pouco mais de 2 bilhões de anos, a evolução biológica deve ser considerada posterior a essa época.

Expansão do fundo submarino — Fenômeno de desenvolvimento de novos materiais rochosos no fundo submarino. Estes são ejetados ao longo de cadeias mesoceânicas segundo zonas de afastamento mútuo de placas tectônicas, de acordo com a teoria da tectônica de placas.

Expansão do universo — Teoria relacionada à hipótese da Grande Explosão, segundo a qual o universo pode atingir a máxima distensão e, novamente, sofrer colapso, para reiniciar o processo.

Extinção dos dinossauros — Desaparecimento dos dinossauros. Teria acontecido no fim do Período Cretáceo, isto é, há cerca de 65 milhões de anos.

Falha ativa — Falha (blocos rochosos contíguos submetidos a deslocamentos relativos) ao longo da qual ocorrem movimentos recorrentes. Sua existência é comumente detectada por deslocamentos periódicos ou por atividade sísmica. Exemplos: regiões de João Câmara (MA) e Caruaru (PE).

Falha dormente — Falha (blocos rochosos contíguos submetidos a deslocamentos relativos) que mostrou atividade em tempo histórico. Analogamente à designação "vulcão dormente", essa denominação talvez devesse ser evitada também, usando-se preferencialmente a expressão "falha ativa".

Falha transcorrente (ou falha direcional) — Tipo de falha em que o componente de deslocamento dos blocos é principalmente horizontal. A transcorrência pode ser destral ou sinistral.

Ferro — Elemento químico de número atômico 26, massa atômica 55,85 e símbolo Fe. É um metal maleável, tenaz, largamente empregado na indústria e na arte.

Filosofia cósmica — Parte da teoria do universo que versa sobre a origem e evolução das matérias componentes dos corpos celestes formadores do universo. Também chamada de "cosmogonia" ou "cosmismo".

Física moderna — Designação mais ou menos informal da física, referindo-se a época posterior à descoberta da mecânica quântica, que teria ocorrido ainda nas primeiras décadas do século passado.

Fitoplâncton — Todas as plantas flutuantes (microorganismos vegetais flutuantes), principalmente nas águas oceânicas, tais como as diatomáceas (algas) e cocolitoforídeos (nanoplâncton).

Flagelado — Microorganismo unicelular provido de um ou mais flagelos (filamentos móveis), classificado como vegetal ou como animal.

Floresta de coníferas — Área extensa coberta por árvores de coníferas, como pinheiros, sequoias, etc. É mais característica do hemisfério norte, nas regiões de climas temperados.

Floresta tropical úmida — Floresta em geral densa, de regiões de clima quente e úmido como, por exemplo, a floresta amazônica.

Fluido — Substância natural ou artificial capaz de fluir, como os líquidos e gases.

Flutuação de nível do mar — Veja Mudança de nível do mar.

Fluxo piroclástico (ignimbrito) — Rocha vulcânica silicosa, em forma de lençóis espessos semelhante à lava. Cobre extensa área na porção central da Ilha Norte da Nova Zelândia. Acredita-se que tenha sido produzida por erupção de densas nuvens de vidro vulcânico incandescente, em estados semifundido ou viscoso, através de conjuntos de fissuras.

Fluxo e refluxo — Movimento de avanço e recuo das águas, na zona intermares, de uma praia após a arrebentação das ondas.

Fluxo térmico crustal — Veja Gradiente geotérmico.

Folhelho negro — Sedimento de granulação fina (silte e argila), físsil (pode ser separado em lâminas), muito rico em matéria orgânica. Comumente é considerada como rocha geradora de hidrocarbonetos.

Fonte energética — Designação de vários tipos de materiais, como petróleo e carvão mineral (combustíveis fósseis) ou substâncias radioativas (combustíveis físseis), que geram energia.

Foraminífero — Protozoário (animal unicelular), quase sempre marinho e microscópico (microorganismo), com carapaças (testas) compostas de carbonato de cálcio ou grãos de areia aglutinados. Existem espécies planctônicas (flutuantes) e bentônicas (de fundo).

Foraminífero bentônico — Veja Foraminífero.

Foraminífero planctônico — Veja Foraminífero.

Força gravitacional — Energia de atração que a Terra exerce sobre outros corpos próximos. Dá origem ao campo gravitacional terrestre, definido como resultante da superposição do campo de atuação gravitacional com o da força centrífuga.

Formação geológica — Designação informal em referência a qualquer unidade litológica, sem conotações litoestratigráfica ou cronoestratigráfica formais segundo Código de Nomenclatura Estratigráfica.

Fósforo — Elemento químico não metálico, de número atômico 15, de peso atômico 30,975 e símbolo P (do latim phosphorus).

Fossa continental — Zona topograficamente deprimida e delimitada por falhas normais (gravitacionais), originada por esforço de tração sobre a crosta continental. A causa desse esforço pode ser creditada à tectônica de placas. No Brasil tem-se, por exemplo, o RCSB (Rifte Continental do Sudeste do Brasil), que deu origem às bacias sedimentares de Itaboraí, de Volta Redonda e de Resende no Estado do Rio de Janeiro; de Taubaté e de São Paulo no Estado de São Paulo e de Curitiba no Estado do Paraná.

Fossa submarina — Depressão topográfica alongada, de vertentes íngremes, existente no leito oceânico, cujo fundo situa-se cerca de 2 km abaixo das áreas adjacentes. Existem 27 fossas submarinas na Terra, 22 delas situadas no Oceano Pacifico.

Fóssil — Restos ou traços (sinais) de seres vivos (animais e vegetais) do passado, preservados por causas naturais, encontrados na crosta terrestre. Por extensão, refere-se a feições inanimadas inativas como, por exemplo, duna eólica fóssil e falésia fóssil.

Fotossíntese — Propriedade das plantas verdes (com clorofila), que realizam a síntese dos compostos químicos com ajuda da energia radiante, especialmente a luz solar, que do carbono fabrica a matéria orgânica. Constitui importante etapa no ciclo biogeoquímico do oxigênio e do carbono.

Fundo oceânico — Superfície mais ou menos plana dos fundos submarinos, com 4 a 6 km de profundidade média. Os relevos mais acidentados são de origem vulcânica e as áreas mais aplainadas estão ligadas à sedimentação.

Gás carbônico — Veja Dióxido de carbono.

Gás natural — Refere-se a uma mistura de gases encontrada na natureza, comumente associada a depósitos de petróleo, com o qual os componentes estão intimamente relacionados. Existe também gás natural do tipo dissolvido em água como, por exemplo, em sedimentos quaternários da região, de Kantô (Japão).

Galáxia — Sistema astronômico que inclui o solar, composto de incontáveis objetos celestes, como estrelas, nebulosas, gases, poeiras, buracos negros, etc. As galáxias apresentam-se com variadas formas, a partir de um padrão rotativo: espiraladas, elípticas, esféricas, barradas, em anel, etc.

Gás de pântano — Veja Metano.

Gás sulfídrico — Veja Sulfeto de hidrogênio.

Gases poluentes — Gases de várias origens (vulcânicos, antrópicos, etc.) e de diferentes composições (CO_2 CH_4, etc.) que, quando presentes em excesso na atmosfera, causam efeitos indesejáveis aos organismos vivos.

Gases vulcânicos — Gases magmáticos de composição variada que emanam calma ou explosivamente das lavas. São exemplos vapor de água, hidrogênio, oxigênio, nitrogênio, dióxido e trióxido de enxofre, monóxido e dióxido de carbono, cloro, metano, ácido fluorídrico gasoso, argônio, hélio, etc.

Geleira — Grande massa de gelo com limites laterais definidos, que se move por gravidade. Tem origem na compactação de camadas sucessivas de neve devida a pressão.

Geociências — Denominação coletiva mais ou menos informal, mas de uso corrente, relacionada a várias áreas do estudo da Terra. Compreende geologia, geografia física, geofísica, geoquímica, oceanografia geológica e meteorologia. Sinônimo "ciências da Terra".

Geomorfologia costeira — Forma do relevo na região litorânea. Apresenta-se em geral como superfície mais ou menos plana de idade recente, comumente de idade quaternária.

Existem também regiões costeiras que exibem relevos acidentados de idade bem mais antiga.

Geomorfologia submarina — Área de estudo que se ocupa do relevo do fundo submarino, inclusive de suas relações com a história evolutiva dos movimentos crustais e das estruturas geológicas. Seus métodos de estudo envolvem o uso de ecobatímetro, sonar de varredura lateral, amostragem e análise de sedimentos, etc.

Geologia histórica — História do nosso planeta, ou de porção específica deste, que é desvendada por métodos geológicos. Baseia-se no estudo das distribuições espaciais e temporais dos registros geológicos, representados por rochas magmáticas, sedimentares e metamórficas.

Geossinclínio — Grande calha, comumente linear, que sofreu subsidência durante longo tempo, onde comumente se acumulou espessa sucessão de sedimentos e possivelmente de rochas vulcânicas extrusivas. Muitas dessas camadas foram dobradas e falhadas, formando cadeias montanhosas. É um conceito ultrapassado após o surgimento da teoria da tectônica de placas.

Gimnospermas — Plantas com flores, cujas sementes não estão contidas em um ovário, isto é, apresenta sementes nuas, como o pinheiro, cedro, etc. Juntamente com as angiospermas, constituem as plantas superiores ou floríferas.

Gipsita — Mineral muito comum em depósitos de evaporito, de composição química $CaSO_4{\cdot}2H_2O$, que se cristaliza no sistema monoclínico. A variedade bem cristalizada e pura chama-se "selenita". Constitui matéria-prima para fabricação de gesso, que tem inúmeros usos.

Glaciação — Fenômeno de alteração da superfície sólida da Terra através da erosão (evidências destrutivas) e sedimentação (evidências construtivas) por atividade de geleiras.

Gnaisse — Designação coletiva para rocha metamórfica de granulação grossa, com faixas alternadas de minerais granulares (quartzo, feldspato, etc.) e faixas xistosas (com mica, etc.).

Gondwana — Supercontinente hipotético que teria existido no hemisfério sul entre o Paleozoico Superior e o Mesozóico. Compreenderia parte da América do Sul, África, Austrália, e Antártida, além de Madagascar e Índia. É caracterizado por fósseis vegetais de Glossopteris e Gangamopteris.

Gradiente geotérmico — Mudança na temperatura da Terra de acordo com a profundidade. Pode ser expresso tanto em graus por profundidade (exemplo: 1°C/30 m), como por unidades de profundidade por grau (exemplo: 30 m/1°C). Varia de um local para outro, sendo maior nas regiões de dinâmica interna mais ativa como, por exemplo, Japão, Islândia, etc.

Granada — Mineral encontrado em rochas magmáticas e metamórficas, tais como, calcários metamorfoseados, gnaisses e pegmatitos. Apresenta fórmula geral $A_3B_2Si_3O_{12}$, onde A = Ca, Mg, Fe^{+2} e Mn^{+2}, e B = Al, Fe^{+2}, Mn^{+2} e Cr, conforme a variedade. Sendo um mineral duro, é usado como gema e como abrasivo.

Grande Explosão — Hipótese ou teoria ligada à "bola de fogo" primitiva, que admite a extrapolação da expansão atual do universo à condição inicial de matéria com temperatura e densidade altíssimas. Baseia-se na teoria de evolução do universo proposta por G. Gamov, aproximadamente em 1946, para explicar a origem dos elementos químicos do universo.

Granítica — Natureza de uma rocha composta essencialmente por granito.

Granito — Rocha intrusiva (injetada) do interior da Terra (plutônica), composta essencialmente de feldspato alcalino (rico em potássio) e quartzo, além da mica (muscovita e biotita) e alguns outros minerais. Suas cores mais comuns são cinza ou rósea e caracteriza-se por densidade inferior à do basalto.

Grau de viscosidade — Representação numérica do atrito interno devido à coesão molecular em fluidos (líquidos e gases). Corresponde à propriedade interna de um fluido, que oferece resistência ao fluxo e varia com a temperatura.

Gravidade — Força dirigida aproximadamente para o centro da Terra. É proporcional às massas de corpos existentes na superfície ou nas proximidades. Em geral, a gravidade terrestre é afetada pela forma e estrutura interna da Terra e, desse modo, seu estudo fornece informações sobre essas propriedades. Na superfície terrestre, a força de gravidade é de 980 dinas.

Gravimetria — Veja Método gravimétrico.

Halita — Sal de composição química NaCl (cloreto de sódio), que se cristaliza no sistema isométrico. É um mineral muito comum em depósitos de evaporito. Corresponde ao "sal de cozinha", em geral extraído industrialmente, por evaporação da água do mar, em salinas, como acontece, por exemplo, em Mossoró (RN).

Hélio — Elemento químico gasoso de número atômico 2, massa atômica 4,003 e símbolo He [do grego helios (Sol)].

Hidrocarboneto — Composto químico natural formado essencialmente de hidrogênio (H) e carbono (C). Pode apresentar-se em forma sólida (asfalto), liquida (petróleo) ou gasosa (gás natural). Atualmente é o combustível fóssil mais importante.

Hidrogênio — Elemento químico gasoso, incolor e altamente inflamável; mais abundante no universo. O mais leve de todos os gases, possui numero atômico 1, massa atômica 1,0080 e símbolo H [do grego hydro (água) + gen (gerar) + io].

Hipocentro — Local no interior da Terra onde se prcessariam modificações geológicas repentinas, como a reativação de falhas, capazes de levar à produção de terremotos.

Iceberg — Blocos de gelo, às vezes de grandes dimensões (alguns milhares de quilômetros quadrados), que, destacados das extremidades das geleiras, vagam por lagos e oceanos. Como a diferença de peso específico entre a água e o gelo é muito pequena, cerca de 90% do bloco, que pode ter até mais de 200 m de altura, acham-se submersos.

Idade geológica — Expressão de sentido muito vago que indica o passado geológico. De qualquer modo, representariam cifras muito grandes, por exemplo, em relação à escala de tempo da vida humana.

Ignimbrito — Veja Fluxo piroclástico.

Ilha continental — Veja Ilha oceânica.

Ilha oceânica — Ilha que se ergue do assoalho oceânico profundo (como a ilha mesoceânica), longe de qualquer continente; contrapartida de ilha continental. Pode formar arquipélagos. São exemplos de ilhas oceânicas as Ilhas do Havaí e dos Açores.

Ilmenita — Mineral preto, de composição química $FeTiO_3$. Constitui o principal minério de titânio. Apresenta dureza 5 a 6 e peso específico 4,72. Entre os minerais pesados de sedimentos, ocorre comumente associada à magnetita.

Incêndio florestal natural — Queima de cobertura vegetal deflagrada por causas naturais como, por exemplo, queda de raio sobre vegetação ressequida. Em geral, acha-se registrado por fragmentos de carvão cujas origens (naturais ou antrópicas), são difíceis de definir. Têm sido encontrados em sedimentos lacustres, eólicos (dunas) e colúvios.

Inclinação magnética — Ângulo agudo formado entre a vertical e a direção do campo magnético total da Terra, no plano do meridiano magnético. Esse ângulo também é chamado de "mergulho magnético".

Insolação — Radiação solar recebida, tal como aquela que chega à Terra. Pode significar também a taxa de energia solar direta recebida por unidade de área de uma superfície, por unidade de tempo.

Intemperismo — Conjunto de processos, incluindo as atividades químicas do ar, da água de chuva, das bactérias, além da ação mecânica (ou física) por mudanças de temperatura, que transforma rochas muito coesas em solo, quando expostas subaereamente por intervalos de tempo mais ou menos longos.

Intensidade magnética — Força do campo magnético em um determinado ponto da superfície terrestre.

Inverno de impacto — Hipotético resfriamento global, análogo ao "inverno nuclear", que poderia ser originado por impacto de um corpo celeste sobre a Terra, como aquele que teria causado a extinção dos dinossauros no fim do Cretáceo.

Inverno nuclear — Hipotético resfriamento global, causado por uma guerra nuclear de grande escala, pela obliteração dos raios solares em função da poeira das explosões atômicas.

Invertebrado marinho — Animal marinho desprovido de vértebras, que vive em várias profundidades, desde as zonas costeiras (dezenas a pouco mais de uma centena de metros) até as fossas submarinas (alguns milhares de metros). São exemplos os foraminíferos, os corais, etc.

Investigação geológica — Conjunto de estudos de processos e produtos geológicos, através de métodos de superfície (sensoriamento remoto, etc.) e de subsuperfície (perfurações e técnicas geofísicas). Constitui uma etapa imprescindível para a utilização racional dos recursos naturais da Terra.

Investigação oceanográfica (pesquisa oceanográfica) — Conjunto de estudos dos oceanos, principalmente sob enfoques biológicos (biologia marinha), físicos (oceanografia física), geológicos (geologia marinha) e químicos (oceanografia química).

Io — Nome de um dos quatro satélites "galileanos" (descobertos por Galileu Galilei) de Júpiter. É visível por instrumentos comuns de observação astronômica.

Júpiter — Maior planeta do Sistema Solar. A distância média do Sol é de 5,20 anos-luz; a translação e a rotação ocorrem em ciclos de 11,86 anos e 9 h 55 min , respectivamente. O raio no equador é de 71.398 km, correspondendo a 11 vezes o raio terrestre. A massa de Júpiter equivale a 318 vezes a da Terra e sua densidade media é de 1,33 g/cm^3. Foi comprovada a existência de 16 satélites em Júpiter.

Jurássico — Veja Período Jurássico.

Jurássico médio — Tempo geológico correspondente à Época Dogger, que compreende quatro andares, entre 178 a 157,1 milhões de anos.

Lama — Mistura natural de materiais arenosos e pelíticos (argila + silte). Comumente apresenta-se com matéria orgânica e saturada em água.

Lamelibrânquio — Veja Pelecípode e Bivalve.

Leis da natureza — Princípios que estabelecem que os eventos naturais, cujas ocorrências têm sido constatadas, não apresentam variações quando se processam em condições idênticas.

Laurásia — Hipotético supercontinente localizado no hemisfério norte e que, no fim do Período Carbonífero, teria se fragmentado para originar os atuais continentes daquele hemisfério.

Lava — Rocha em estado de fusão, como aquela que surge na superfície terrestre através de um vulcão ou fissura, bem como o mesmo material solidificado por resfriamento na superfície terrestre (subaérea ou subaquática). Sinônimo "lava vulcânica".

Lava basáltica — Rocha extrusiva (ou derrame) de magma basáltico, que é essencialmente composto de plagioclásio cálcico (feldspato) e piroxênio, com ou sem olivina. Em geral é uma rocha de cor cinza-escura a preta e granulação fina. Quando a lava basáltica entra em contato com a água, forma-se a estrutura almofadada.

Lava vulcânica — Veja Lava.

Leptinito — Rocha gnáissica félsica encontrada em zona de metamorfismo de alto grau (alta temperatura e alta pressão). Contém granada e baixo teor de biotita. Supõe-se que existam leptinitos de origens sedimentar e ígnea.

Leque submarino — Relevo deposicional em forma de leque (ou cone) encontrado no fundo submarino. Dois tipos são reconhecidos. O primeiro situa-se sobre a plataforma continental e frequentemente está relacionado a alguma antiga desembocadura fluvial; poderia estar relacionado a leque aluvial do período glacial quaternário. O segundo ocorre entre 1.000 e 4.000 m de profundidade e corresponde à porção terminal de um canhão submarino. No Brasil temos exemplos de leques submarinos do segundo tipo, denominados de Amazonas (PA) e de Rio Grande (RS).

Linhas de crescimento — Traços mais ou menos curvos e paralelos, bem demarcados, por exemplo, sobre conchas bivalves. São feições análogas aos anéis de crescimento (ou anéis anuais).

Linhítico — Composto de linhito, que é um carvão mineral acastanhado (brown coal), de poder calorífico inferior a 8.300 BTU (british thermal unit).

Lítio — Elemento químico metálico, alcalino, de número atômico 3, massa atômica 6,939 e símbolo Li. É um metal branco, com brilho prateado, muito leve, maleável e dúctil [do grego lithos (pedra) + io].

Lixo radioativo — Rejeito produzido por mineração , indústria de processamento, usina termonuclear, etc., contendo vários tipos de elementos químicos radioativos. Pode apresentar-se como líquido (efluente) e sólido. Além disso, pode ser de alta ou baixa radioatividade. Rejeitos de alta radioatividade contêm, em geral, elementos químicos transurânicos de meia-vida (tempo necessário para transformação de metade da massa do número inicial de átomos do elemento radioativo) muito longa e constitui um problema de difícil solução.

Lua — Corpo celeste que gira em torno da Terra, descrevendo uma órbita elíptica. Tem densidade média de 3,34 g/cm^3. Sendo o único satélite natural da Terra, por extensão, refere-se ao satélite de qualquer planeta.

Magma — Material rochoso fluido gerado no interior da Terra, capaz de sofrer intrusão (injeção) ou extrusão (derrame ou lava), dando origem a rochas magmáticas ou ígneas. Pode conter sólidos (cristais e fragmentos de rochas) e/ou gases.

Magma ácido — Magma rico em sílica (SiO_2) que, quando consolidado dá origem a rochas ácidas, isto é, com mais de 66% em peso de quartzo. Essa rocha apresenta cor em geral clara, isto é, cinza a rósea, contrariamente ao magma básico, que exibe cor cinza-escura a preta quando consolidado.

Magnetismo residual — Refere-se à parte do efeito magnético que permanece após a remoção de algum tipo de campo magnético como, por exemplo, a polarização magnética das rochas, que foi preservada desde a acumulação de sedimentos ou solidificação do magma.

Magnetismo terrestre — Veja Campo magnético terrestre.

Magnetita — Mineral contendo ferro com composição química Fe_3O_4. Trata-se de um importante minério de ferro; sua cor é preta e exibe alta suscetibilidade magnética.

Magnetização induzida — Veja Magnetização permanente.

Magnetização permanente — Magnetização que independe do campo magnético externo (como a de um ímã) e de como ocorreu a magnetização. É chamada de "magnetização induzida" quando depende da mudança do campo magnético externo.

Magnetometria — Veja Método magnetométrico.

Magnetosfera — Região que circunda a Terra e dentro da qual acha-se confinado o campo magnético do planeta. O vento solar deforma a magnetosfera, achatando-a de encontro à Terra do lado do Sol e alongando-a numa "cauda" do outro lado, espaço afora.

Mamífero — Animal vertebrado, de sangue quente, que apresenta o corpo protegido por pêlos e é vivíparo. Distribui-se do Período Jurássico até hoje, sendo representativo da Era Cenozoica.

Manto inferior — Camada da Terra situada entre 670 e 2.900 km de profundidade e que se compõe essencialmente de óxidos cristalizados de silício (Si), ferro (Fe) e magnésio (Mg).

Manto superior — Camada situada abaixo da crosta e que se estende até 670 km de profundidade. É formada predominantemente por peridotito, rocha composta por minerais ferromagnesianos, como olivina e piroxênio. Esses minerais são, como o próprio nome indica, muito ricos em magnésio (Mg) e ferro (Fe).

Mapa paleogeográfico — Mapa com a distribuição pretérita dos elementos geográficos (linhas de costa, fisiografia continental, submarina, etc.), em determinado momento do passado geológico. Baseia-se na interpretação dos registros litológicos e paleontológicos.

Mar aberto — Região oceânica além da plataforma continental, caracterizada por águas de salinidade constante (menor influência continental), em contraste com áreas de plataforma continental, que exibem salinidades muito variáveis, dependendo do maior ou menor afluxo de água doce dos continentes.

Mar de magma — Refere-se a um verdadeiro "oceano" de magma, com centenas de metros de profundidade, que supostamente cobria a superfície lunar na fase inicial de sua formação.

Mar de Tétis — Mar interior, entre os supercontinentes de Laurásia (hemisfério norte) e de Gondwana (hemisfério sul), que teria se originado no Paleozoico Superior. Estendia-se de leste a oeste. O Mar Mediterrâneo atual é considerado mar reliquiar do antigo Mar de Tétis.

Maré enchente — Termo não técnico relacionado ao período entre as marés baixa e alta sucessivas.

Maré lunar — Movimento ascendente e descendente ou fluxo e reflexo das águas do mar, dentro de um determinado período de tempo, sob influência da Lua.

Maré vazante — Termo não técnico relacionado ao intervalo de tempo entre as marés alta e baixa subsequentes.

Maré vermelha — Veja Efeito maré vermelha.

Maregrama (ou mareograma) — Registro gráfico contínuo dos movimentos de subida e descida periódicos do nível do mar devidos aos efeitos da maré.

Mareograma — Veja Maregrama.

Margem continental — Zona que separa os continentes emersos dos fundos submarinos profundos. Em geral, em sequência de profundidades crescentes, temos a plataforma, o talude e a elevação continentais.

Marte — Planeta que gira em órbita imediatamente externa à da Terra. A distância média do Sol é de 1,52 ano-luz e seu ciclo de translação demora 687 dias. O raio de Marte mede 3.397 km, isto é, aproximadamente metade do terrestre, e sua densidade é de 3,93 g/cm^3. Acredita-se que, no passado, possuía atmosfera e provavelmente até água corrente.

Matacão — Bloco rochoso arredondado, com diâmetro superior a 256 mm, que jaz sobre a superfície terrestre ou no interior de materiais terrosos, quando representa bloco residual deixado por intemperismo.

Matéria orgânica — Material carbonoso, resultante de mudanças diagenéticas (por efeito de temperatura e pressão) de substâncias orgânicas, originadas principalmente de restos vegetais. Transforma-se em matéria orgânica imatura (rica em substâncias voláteis) ou em matéria orgânica matura (pobre em substâncias voláteis). Algumas substâncias componentes da porção orgânica dos seres vivos são: carboidratos, proteínas e lipídios, que podem variar de acordo com a espécie do ser vivo, além da idade e das condições de nutrição.

Mecânica dos fluidos — Ciência que tem por objetivo estudar o movimento e suas causas aplicado aos fluidos, isto é, líquidos e gases. É muito importante, por exemplo, na hidrodinâmica fluvial.

Medida atmosférica — Grandeza relacionada à quantificação de variáveis atmosféricas como, por exemplo, pressão, temperatura, umidade, etc. É obtida por instrumentos apropriados para cada propriedade a ser medida.

Mercúrio — Planeta cuja órbita é a mais próxima do Sol, a uma distância média de 0,39 ano-luz. Os ciclos de translação e de rotação são de, respectivamente, 88 e 58,6 dias. Seu raio mede 2.439 km, isto é, pouco maior que o da Lua. A densidade é de 5,44 g/cm^3, semelhante às da Terra e de Vênus.

Mergulho magnético — Veja Inclinação magnética.

Mesozoico — Veja Era Mesozoica.

Metal — Substância tipicamente fusível, opaca, boa condutora de eletricidade e que mostra brilho metálico; são exemplos ouro, cobre, alumínio, etc. A maioria dos metais é também maleável e pesada e todos, excetuando o mercúrio, são sólidos a temperaturas ordinárias.

Metamorfismo — Veja Processo metamórfico.

Metamorfismo térmico — Designação do metamorfismo de contato sob o ponto de vista físico. O metamorfismo de contato, por sua vez, corresponde ao processo de recristalização que ocorre nas vizinhanças de corpos de rochas ígneas, principalmente magmáticas plutônicas, por incremento de temperatura.

Metano — Hidrocarboneto gasoso, de fórmula CH_4, que representa o membro de composição química mais simples da série das parafinas. Resulta comumente da decomposição parcial de plantas em pântanos, sendo então conhecido também como "gás de pântano". Juntamente com o dióxido de carbono (CO_2),constitui também um gás estufa.

Meteorito — Refere-se a massas sólidas (mineral ou rocha) que caem sobre a Terra ou sobre outros corpos celestes. Sua composição química e mineralógica, bem como o tamanho, são muito variáveis. Recebe também a denominação de "aerólito".

Método geocronológico — Método de determinação da idade geológica de eventos em número de anos, que conduz a cronologias absolutas. Em geral, são empregados isótopos de elementos químicos radioativos. Quando se usam fósseis, chega-se a cronologias relativas.

Método gravimétrico (ou gravimetria) — Método de prospecção geofísica cuja finalidade consiste em pesquisar estruturas geológicas subsuperficiais utilizando o gravímetro.

Método magnetométrico (ou magnetometria) — Método de prospecção geofísica cujo objetivo consiste em pesquisar estruturas geológicas subsuperficiais utilizando o magnetômetro.

Mica — Grupo de minerais compostos de filossilicatos, com típica estrutura foliada; caracterizada por clivagem basal proeminente. Exemplos: muscovita e biotita.

Microfóssil — Resto fossilizado de organismos microscópicos (frações de milímetros) ou de partes microscópicas de organismos maiores, que pode fornecer informações sobre idade, ambiente, etc. Quando as dimensões situam-se entre 0,1 a 10 µm, pode-se falar em ultramicrofóssil ou nanofóssil. O microfóssil é muito usado em prospecção petrolífera.

Microfóssil marinho — Veja Microfóssil.

Microorganismo primitivo — Organismo vegetal ou animal microscópico, dos primeiros tempos de existência dos seres vivos.

Migração fluvial lateral — Fenômeno que ocorre em rios meandrantes. O padrão helicoidal de circulação das águas nesses rios promove a deposição (acreção lateral) na margem convexa e erosão na margem côncava, causando a migração lateral.

Molécula — Partícula formada por um ou mais átomos e que representa a menor quantidade de uma substância que pode existir em estado livre.

Molécula de água — Menor quantidade de água que pode existir em estado livre; é representada por dois átomos de hidrogênio (H_2) e um de oxigênio (O).

Molécula complexa — Veja Molécula superior.

Molécula orgânica — Partícula composta de um ou mais átomos que encerra carbono, geralmente originária de seres vivos.

Molécula superior — Designação informal para molécula complexa, sem fórmula definida, sintetizada pela natureza, como os heterobiopolímeros.

Molibdênio — Elemento químico metálico, de número atômico 42, massa atômica 95,95 e símbolo Mo. Metal de cor prata, baço, inalterável ao ar em temperatura ordinária e de difícil fusão (do latim molybdaena + io).

Molusco — Filo de animais invertebrados, caracterizados por corpo mole, que inclui gastrópodes, pelecípodes, cefalópodes, etc. O grupo é de grande importância na paleontologia pela enorme variedade de representantes fósseis.

Monção asiática — Vento sazonal que integra o sistema de circulação atmosférica da Ásia, e que afeta amplas áreas geográficas. Tem origem nas mudanças sazonais de temperatura entre os continentes e os oceanos, entre os pólos e o Equador e entre os hemisférios norte e sul. Na Índia e no Sudeste Asiático o termo está fortemente ligado às chuvas de verão.

Monóxido de carbono — Gás incolor, inodoro, em geral resultante da combustão incompleta de combustíveis fósseis e da madeira. É altamente tóxico e constitui o principal poluente do ar atmosférico.

Monte submarino — Elevação no fundo marinho, em geral de origem vulcânica, que apresenta altura superior a 900 m acima do leito oceânico e com topo de extensão limitada.

Movimento crustal (ou deformação crustal) — Fenômeno geológico que se manifesta na forma de mudanças de posição e de forma das placas litosféricas, detectadas através de medidas instrumentais. O movimento crustal pode manifestar-se vertical, horizontal ou obliquamente. Embora a velocidade de movimentação seja em geral muito lenta (alguns centímetros por ano), excepcionalmente ao longo de falhas ativas associadas a terremotos, podem ocorrer deslocamentos de diversos centímetros a alguns metros em poucos segundos.

Mudança geológica — Qualquer modificação que ocorre, em escala de tempo geológico (em geral longo), nas principais partes componentes da Terra, tais como na geosfera, na hidrosfera, na criosfera, etc.

Mudança de nível do mar — Refere-se à subida ou descida no nível do mar, em relação ao continente adjacente, e que pode ser de natureza local, regional ou global (mundial). Essa mudança tem ocorrido na Terra desde o surgimento do oceano primitivo, ainda no Pré-cambriano, até hoje. Constitui um fenômeno conspícuo no Período Quaternário (último 1,81 milhão de anos).

Mudança paleoambiental — Modificação ocorrida nos ambientes do passado geológico que afetou, por exemplo, a hidrosfera, a criosfera, etc., causando principalmente mudanças paleoclimáticas.

Mudança paleoclimática — Veja Mudança paleoambiental.

Mudança meteorológica — Veja Anomalia climática.

Nematoide — Classe de animais invertebrados, de corpo cilíndrico, pontudo nas extremidades, marcado por linhas laterais, com boca, tubo digestivo e sexo individualizados.

Netuno — Planeta do Sistema Solar situado a cerca de 30 anos-luz do Sol. Seu ciclo de translação: 165 anos; o raio equatorial, 24.760 km; densidade média, 1,64 g/cm^3; ciclo de rotação, 16 horas. Hidrogênio (H) e hélio (He) são os principais elementos químicos em sua composição. Presume-se que seu núcleo seja de gelo e rocha.

Níquel — Elemento químico metálico, de cor e brilho semelhantes à prata. É também muito duro e magnético, de difícil fusão, maleável e bastante resistente à oxidação. O número atômico é 28, a massa atômica 58,69 e o símbolo é Ni. Metal muito usado em galvanoplastia e estereotipia.

Nitrilo — Produto da desidratação de amidas, como o cianeto dos radicais alcoólicos monovalentes.

Nitrogênio (ou azoto) — Elemento químico não metálico, de número atômico 7, massa atômica 14,008 e símbolo N. Forma cerca de 4/5 do ar atmosférico atual. Ocorre na forma de gás diatômico, incolor e inodoro, além de quase inerte.

Núcleo — Parte da estrutura interna da Terra situada a profundidades maiores que 2.950 km e composta predominantemente por ferro (Fe).

Nutriente — Substância ou elemento químico (recurso alimentar) que fornece matéria e/ou energia necessária à vida de um organismo.

Obliteração — Fenômeno resultante da interposição de um obstáculo, tal como quando os raios solares são obstruídos pela poeira nos chamados "inverno nuclear" e "inverno de impacto".

Oceano — Porções deprimidas da superfície terrestre que se apresentam preenchidas por água salgada. A área ocupada pelos oceanos é de 361.059×10^6 km^2, ou 70,8% da superfície terrestre, com uma profundidade média de 3.800 m.

Oceano primitivo — Oceano existente no início da história do nosso planeta, cujas condições especiais precipitaram as rochas sedimentares primitivas.

Olivina — Importante mineral formador de rochas máficas e ultramáficas, isto é, ricas em ferro (Fe) e magnésio (Mg). Forma uma série contínua de soluções sólidas entre a forsterita (Mg_2SiO_4) e faialita (Fe_2SiO_4).

Onda refletida — Onda sísmica que retorna após sofrer reflexão em uma superfície ou em uma série delas, caracterizadas por contrastes de impedância acústica, existentes no interior da Terra.

Onda refratada — Onda sísmica que é defletida, isto é, muda a direção de propagação, quando passa de uma região para outra, de velocidades diferentes, existentes no interior da Terra.

Onda sísmica — Designação geral para todas as ondas elásticas, produzidas por terremotos naturais ou geradas artificialmente por explosões, que se propagam em vários meios (sólidos e fluidos).

Organismo aquático — Conjunto de seres (animais e vegetais), que vivem em flutuação (planctônicos), em fundos (bentônicos) ou em locomoção (nectônicos) nos meios aquáticos de água doce, salobra ou salgada.

Organismo marinho — Conjunto de seres vivos (animais e vegetais) que vivem nos mares e oceanos, isto é, ambientes de águas salgadas.

Organismo planctônico — Refere-se a todos os seres vivos flutuantes que vivem em deriva no meio aquoso, em geral marinho. Existem o fitoplâncton (vegetais) e o zooplâncton (animais), que podem ser exemplificados pelas diatomáceas (algas) e foraminíferos (protozoários), respectivamente.

Organismo terrestre — Veja Vida terrestre.

Organismo unicelular — Todo ser vivo (animal ou vegetal) constituído de uma única célula. Exemplo: protozoário.

Orogênese — Veja Orogenia.

Orogenia — Segundo a teoria da tectônica de placas, é o processo de formação de montanhas por colisão de placas, como no caso do Himalaia, ou por subducção, como no caso dos Andes. De qualquer modo, resulta na formação de faixas dobradas e falhadas.

Orogenia Alpina — Série de movimentos diastróficos (ou tectônicos), que se manifesta na forma de falhas e dobras. Teve início provavelmente no Período Triássico e continua até hoje, na região dos Alpes.

Orogenia Herciniana — Orogenia do Paleozóico Superior na Europa. Estendeu-se pelo Carbonífero e Permiano. Sinônimo, Orogenia Variscana.

Orogenia Variscana — Veja Orogenia Herciniana.

Oscilação climática — Veja Anomalia climática.

Oxidação — Processo de combinação com o oxigênio, como o do Zn, que, por oxidação, resulta em ZnO. Esse fenômeno ocorre pela remoção de um ou mais elétrons de um íon ou de um átomo.

Óxido de ferro — Composto natural de ferro (Fe) e oxigênio (O) que ocorre na forma de vários minerais, tais como hematita (Fe_2O_3), magnetita (Fe_3O_4), etc.

Óxido de nitrogênio — Composto químico de nitrogênio (N) e oxigênio (O), como, por exemplo, óxido nítrico (NO) e óxido nitroso (N_2O).

Oxigênio — Elemento químico de numero atômico 8, massa atômica 15,994 e símbolo O. Constitui um gás inodoro, incolor e insípido, que é comburente mas não combustível. Forma 21% por volume do ar atmosférico atual a seco, cerca de 90% por peso da água e de 20 a 50% de todas as rochas. Representa um elemento essencial na respiração de animais e vegetais, bem como em quase todos os processos de combustão.

Ozônio — Gás alótropo do oxigênio (O_3). É originado pela ação de raios solares sobre materiais poluentes como óxidos de enxofre e pelas descargas elétricas, além da ação de raios ultravioleta sobre O_2. Na estratosfera há uma camada com maior concentração de ozônio do que na troposfera. Essa camada funciona como filtro de raios ultravioleta, que são nocivos aos seres vivos.

Pacífico (Oceano) — O maior oceano da Terra. Ocupa cerca de 35% da superfície do planeta, o que corresponde a mais de 165 milhões de km^2. Tem uma profundidade média em torno de 4.280 m, sendo seu ponto mais profundo a fossa submarina de Vitiaz, com 11.034 m.

Paleoambiente — Ambiente do passado geológico, cujas condições podemos definir, por exemplo, pelo paleoclima (clima pretérito), que pode ter sido muito diferente do atual.

Paleógeno — O mais antigo dos dois períodos que compõem a Era Cenozoica. Compreende as épocas Paleoceno, Eoceno e Oligoceno, estendendo-se de 65 a 23,3 milhões de anos.

Paleotemperatura — Temperatura do passado geológico, que se acha registrada de várias maneiras, tal como nos conteúdos polínicos de sedimentos lacustres e turfeiras, nas razões isotópicas de oxigênio (^{18}O e ^{16}O), etc.

Paleozoico — Veja Era Paleozoica.

Pangeia — Supercontinente idealizado por Wegener (1880-1930), quando, em 1915, imaginou que no fim da Era Paleozoica todos os continentes estavam unidos e teriam iniciado o processo de deriva continental, precedida pela fragmentação da Pangeia.

Parafina (cera) — (1) Substância branca e graxa, sem sabor nem odor, quimicamente inerte e composta de hidrocarbonetos, obtida do petróleo. (2) Qualquer hidrocarboneto saturado com estrutura em cadeia, cuja composição química geral seja C_n+H_{2n+2}.

Peixe — O mais antigo animal vertebrado, cujo registro fossilífero inicia-se no fim do Período Ordoviciano (há cerca de 440 milhões de anos). O Período Devoniano é conhecido também como "idade dos peixes".

Pelecípode — Divisão (classe) de moluscos bivalve, sem enrolamento, com intestino retilíneo e, às vezes, com um pé, que utilizam para locomoção. Veja também Bivalve e Lamelibrânquio.

Perfuração submarina profunda — Projeto norte-americano iniciado em agosto de 1968 e encerrado em 1983, empregando o barco Glomar Challenger. Mais tarde, com a participação de outros países, evoluiu sucessivamente para a Fase Internacional de Perfuração Submarina (IPOD), Programa de Perfuração Oceânica (ODP) e, com outras instituições oceanográficas, para o Projeto de Amostragem Profunda da Terra (Joides). Todas essas siglas correspondem aos nomes dos projetos em inglês.

Período Cretáceo — Tempo geológico entre 137 e 65 milhões de anos atrás. Representa o período mais recente da Era Mesozoica.

Período Devoniano — Veja Devoniano.

Período interglacial — Intervalo de tempo entre dois períodos glaciais. Representa, em geral, época de retração (recuo) das geleiras, com diminuição de extensão e espessura, além de melhoria climática, semelhante aos dias de hoje.

Período Jurássico — Tempo geológico entre 195 e 137 milhões de anos atrás. Corresponde ao período intermediário da Era Mesozoica.

Período Permiano — Veja Permiano.

Permiano — Último dos sete períodos da Era Paleozoica, compreendido entre 290 e 256 milhões de anos. Entre o Carbonífero e o Permiano, o supercontinente de Gondwana, do qual grande parte do Brasil era integrante, passou por intensa glaciação. Algumas dessas evidências são encontradas no Parque do Varvito, em Itu (SP) e no Parque da Rocha Moutonnée, em Salto (SP).

Peso específico — Razão entre a massa de um corpo e a massa de igual volume de água a uma determinada temperatura. Em geral, usa-se água pura a 4°C e à pressão de 1 atm. A maioria das rochas da Terra possui peso específico entre 2 e 3. Veja também Densidade.

Pesquisa geoquímica — Exploração ou prospecção usando métodos geoquímicos na análise de rochas, de solos, de gases de solo ou de planta. Em geral, visa detectar anomalia geoquímica que leve à identificação de jazidas minerais e petrolíferas de interesse econômico.

Pesquisa oceanográfica — Veja Investigação oceanográfica.

Pesquisa petrolífera — Veja Prospecção petrolífera.

Pesquisa sismológica — (1) Estudo de terremotos. (2) Uso de técnicas sísmicas no mapeamento de estruturas geológicas subsuperficiais que eventualmente possam conter depósitos minerais de interesse econômico.

Pesquisa vulcanológica — Ramo das geociências que se ocupa do fenômeno do vulcanismo, considerando os processos e os produtos envolvidos. Esse conhecimento pode conduzir à compreensão da origem, evolução e dinâmica do magma em subsuperfície, até sua erupção em superfície.

Petróleo — Hidrocarboneto líquido, de composição complexa, que ocorre naturalmente nos interstícios das rochas, principalmente sedimentares. Contém habitualmente teores variáveis de impurezas, como enxofre e nitrogênio. A cor é comumente preta.

Petróleo leve — Caracteriza-se pelo alto conteúdo em voláteis e baixo peso específico. Em caso contrário, tem-se o petróleo pesado. O conteúdo de gasolina é maior no petróleo leve.

Petróleo pesado — Veja Petróleo leve.

Piroxênio — Um dos silicatos ricos em ferro (Fe) e magnésio(Mg), elementos essenciais na constituição das rochas magmáticas e metamórficas relativamente pobres (50 a 55%) em sílica (SO_2). A fórmula geral do grupo é $ABSi_2O_6$, sendo A representado por Mg, Fe^{+2}, Ca e Na; e B é composto de Mg, Fe^{+2} e Al.

Placa basáltica — Veja Placa oceânica.

Placa continental — No contexto da tectônica de placas, é a placa que forma as áreas continentais; de natureza essencialmente granítica.

Placa granítica — Veja Placa continental.

Placa litosférica — No contexto da tectônica de placas, é a placa que constitui a crosta terrestre. Desse modo, podem-se admitir as placas litosféricas continental e oceânica.

Placa do Mar das Filipinas — Placa litosférica oceânica que abrange a área do Mar das Filipinas. Está sofrendo subducção à taxa de 3 a 4 cm/ano para NO-ONO.

Placa de Nazca — Placa litosférica oceânica situada na costa ocidental da América do Sul. Os limites são: a leste, a fossa submarina de Peru e Chile; a oeste, a intumescência submarina do Pacífico; ao norte, cadeia mesoceânica de Galápagos; e, ao sul, a dorsal (cadeia mesoceânica) do Chile.

Placa oceânica — No contexto da tectônica de placas, é a placa situada em áreas oceânicas; de composição essencialmente basáltica.

Placa do Pacífico — Forma a maior placa tectônica oceânica; abarca a maior parte do Oceano Pacífico.

Plagioclásio — Um dos minerais comuns entre os componentes das rochas cristalinas (ígneas e metamórficas), que pertence ao grupo dos feldspatos. A série dos plagioclásios varia entre a albita ($NaAlSi_3O_8$) e a anortita ($CaAl_2Si_2O_8$).

Planeta — Corpo celeste sem luz nem calor próprios, energias que recebe de alguma estrela, tal como o Sol, em torno da qual ele gravita. O planeta é denominado de "primário" quando gira diretamente ao redor do Sol e de "secundário" quando constitui um satélite.

Planície de maré — Superfície suavemente inclinada para o mar, recoberta em geral de lama (silte+argila), delimitada entre o nível de preamar (maré cheia) e baixa-mar (maré vazante). Em regiões tropicais é frequentemente ocupada por manguezais. A largura depende da amplitude das marés.

Plantas floríferas — Veja Plantas superiores.

Plantas inferiores (ou criptógamas) — Compreendem as plantas como as algas e as samambaias, cujos órgãos sexuais (estames e pistilos) são invisíveis.

Plantas superiores (ou floríferas) — Compreendem as angiospermas (frutíferas), como o feijão, etc. e as gimnospermas (com sementes nuas) como o pinheiro, o cedro, etc. Trata-se de uma designação informal. Sinônimo: "plantas fanerógamas".

Plantas terrestres — São representadas pelos vegetais que se desenvolvem sobre os continentes. O início do registro fossilífero dessas plantas corresponde ao Período Siluriano (440 a 405 milhões de anos atrás).

Plataforma continental — Zona marginal submersa em águas rasas, suavemente inclinada, que se estende da praia até 130 m de profundidade em média. A largura pode variar desde muito estreita (apenas alguns quilômetros) até mais de 300 km. Na costa brasileira apresenta-se estreita no Nordeste e larga na Amazônia e no Sudeste.

Pluma — Conceito relacionado à ideia de gigantescas correntes de convecção no manto, que transmitiriam o calor através de movimentos caóticos. Imagina-se e existência de pluma quente ascendente e de pluma fria descendente. Pode-se dizer que o "ponto quente" (hot spot) no manto terrestre seja a manifestação na superfície, por meio de vulcanismo, de uma pluma quente. Quando se pensa em grandes movimentos crustais superficiais, como resultantes da dinâmica de plumas, tem-se a tectônica de plumas.

Pluma fria — Veja Pluma.

Pluma quente — Veja Pluma.

Ponto de culminação — Ponto máximo atingido por um fenômeno de intensidade variável como, por exemplo, a mudança do nível relativo do mar em um certo intervalo de tempo.

Ponto Curie (ou temperatura Curie) — Temperatura abaixo da qual uma substância deixa de ser paramagnética (suscetibilidade magnética positiva). Em geral, o ponto Curie das rochas é de aproximadamente 600°C. Desse modo, admitindo-se um grau geotérmico de 30 °C/km, o ponto Curie no interior da crosta terrestre é atingido a cerca de 20 km de profundidade.

Ponto de fusão — Temperatura na qual uma fase sólida pura transforma-se em um líquido, ou em líquido, ao lado de outra fase sólida, quando se fornece calor suficiente a uma determinada pressão.

Ponto quente — Região localizada no manto, abaixo da litosfera, caracterizada por alta temperatura, e cuja existência é inferida por atividade vulcânica associada. Algumas dessas regiões podem apresentar centenas de quilômetros de diâmetro e subsistem por dezenas de milhões de anos.

Potássio — Metal alcalino, elemento químico de número atômico 19, massa atômica 39,1 e símbolo K. É um metal duro, que se quebra a frio; muito oxidável, é capaz de decompor a água a frio. O isótopo de massa atômica 40 é naturalmente radioativo.

Pressão — Força aplicada a uma superfície por unidade de área. Por exemplo, a pressão atmosférica, que é o efeito do peso da coluna de ar atmosférico, e que pode ser medida por meio de um barômetro.

Pressão capilar — (1) Diferença de pressão existente entre duas fases, como ar líquido ou gás-líquido, ou mesmo entre líquidos, medida em pontos da interface. (2) Diferença de pressão através da interface entre duas fases fluidas imiscíveis, que ocupam simultaneamente os poros, por exemplo, de uma rocha.

Previsão sísmica — Prognóstico de tempo e local de ocorrência de terremotos, baseado em dados científicos. Até o momento não existe uma técnica bem-estabelecida, constituindo mais propriamente uma tentativa.

Previsão de tempo — Veja Prognóstico climático.

Problemas ambientais — A geosfera, a hidrosfera, a pedosfera, a criosfera, etc. são recursos ambientais que caracterizam a Terra. Elas sofrem transformações naturais através do tempo geológico, com ritmos próprios. Quando esses ritmos são alterados, frequentemente por interferência antrópica, surgem problemas ambientais, muitas vezes danosos à biosfera e especificamente à antroposfera.

Processo de maré — Relativo ao modo de funcionamento da maré, isto é, que depende da atração gravitacional do Sol e da Lua.

Processo metamórfico — Série de reações em estado sólido, como de segregações e diferenciações, que ocorrem em rochas submetidas a condições de temperatura e/ou pressão mais severas que as anteriormente existentes. O processo metamórfico dá origem a novas feições, em termos de textura, estrutura, composição (química e mineralógica), etc.

Processo de reciclagem — Conjunto de atos que levam uma matéria a readquirir as propriedades originais após sua utilização para determinada finalidade.

Produtividade do fitoplâncton — Faculdade de produção de matéria orgânica, a partir de substâncias inorgânicas, inerente ao fitoplâncton, isto é, comunidade vegetal flutuante, em geral por fotossíntese.

Prognóstico climático — Predição sobre as variações prováveis dos principais fatores meteorológicos (precipitação pluviométrica e temperatura) durante um período relativamente curto (dias ou semanas).

Prospecção petrolífera — Série de atividades baseadas em critérios geológicos, geofísicos e geoquímicos direcionadas à descoberta de jazidas de petróleo com interesse econômico.

Prospecção sísmica — Método geofísico que emprega ondas elásticas de vibração, produzidas por explosões, na pesquisa de estruturas geológicas subsuperficiais. Existem alternativas de utilização de ondas refletidas ou refratadas. As ondas sísmicas são produzidas artificialmente. Esse método de prospecção é empregado na procura de petróleo, de minério ou em obras de engenharia civil.

Proterozoico — Corresponde à parte superior do Pré-cambriano, de 2,4 bilhões a 570 milhões de anos, em geral representada por rochas muito metamorfoseadas, onde restos orgânicos dificilmente são identificáveis.

Quasar — Objeto celeste extragaláctico (exterior à Via Láctea) do universo, também chamado de "estrela supermaciça". Sua massa é extremamente elevada (da ordem de 1 a 10 bilhões de vezes superior à do Sol) e sua luminosidade é várias vezes maior que a da Via Láctea. É o astro mais luminoso que se conhece e situa-se a mais de 1 bilhão de anos-luz da Terra.

Radioatividade — Propriedade de alguns elementos químicos de se transformar em outros elementos pela emissão de partículas e radiações de seu núcleo. Todos os isótopos de urânio, por exemplo, são radioativos.

Radiolário — Animal de célula simples (protozoário) da subclasse Sarcodina, de tamanho microscópico, que é protegido por um esqueleto silicoso interno e complexo. É encontrado exclusivamente em ambiente marinho. Distribui-se do Cambriano até hoje.

Raios cósmicos — Partículas subatômicas de alta energia, originadas no espaço externo, que bombardeiam continuamente a atmosfera terrestre. Existem raios cósmicos primários e secundários. Os primários são núcleos de átomos e acabam quase completamente absorvidos na atmosfera superior. Os secundários chegam até a superfície terrestre, mas possuem energia bem menor que os primários.

Raios gama — Raios ou quantidades de energia emitidos por substâncias radioativas, correspondentes aos raios X e à luz visível, que possuem comprimentos de onda mais curtos que a luz comum.

Raios infravermelhos — Porção do espectro eletromagnético com comprimentos de onda de 0,7 a 1 μm, isto é, pouco aquém do espectro visível do vermelho.

Raios ultravioleta — São compostos por radiações secundárias, de comprimentos de onda mais curtos que as radiações visíveis, isto é, inferiores a 3.970 Å. A água (H_2O), o dióxido de carbono (CO_2) e o oxigênio (O_2) não são transparentes a raios ultravioleta com comprimentos de onda inferiores a 1.900 Å. Como são transparentes a comprimentos de onda superiores a esse valor, os raios solares, sendo essencialmente visíveis, quase não são absorvidos por aquelas substâncias.

Raios X — Radiação eletromagnética com comprimentos de onda muito curtos, isto é, mais curtos que os raios ultravioleta e mais longos que os raios gama.

Razão isotópica de oxigênio — O oxigênio apresenta os isótopos de pesos atômicos 16, 17 e 18. Desse modo, temos as razões $^{18}O/^{16}O$ e $^{17}O/^{16}O$, que também podem ser representadas por $\delta^{18}O$ e $\delta^{17}O$. Quaisquer que sejam os processos geoquímicos pelos quais tenham passado, os materiais terrestres apresentam a razão $\delta^{18}O/\delta^{17}O=2/1$. A razão $^{18}O/^{16}O$ é também usada como termômetro geológico, ou seja, indicador de paleotemperaturas como, por exemplo, as paleotemperaturas das águas superficiais oceânicas num certo momento ou intervalo de tempo.

Reação química — Fenômeno pelo qual duas ou mais substâncias químicas colocadas em contato sofrem modificações, dando origem a novas substâncias químicas; por exemplo: CaO (cal viva) + H_2O (água) = $Ca(OH)_2$ (cal extinta) + calor.

Recurso alimentar — Veja Nutriente.

Recurso hídrico — Um dos componentes dos recursos naturais da Terra; é essencial à existência da vida no planeta.

Recurso natural — Qualquer componente ambiental que pode ser utilizado por um organismo, inclusive pelo ser humano. Exemplos: alimento, solo, vegetais, minerais, etc. Pode ser renovável (regenerável após o uso) e não renovável (não pode ser regenerado após o uso).

Recurso não renovável — Veja Recurso natural.

Recurso petrolífero — Petróleo que pode ser utilizado pelo ser humano.

Recurso renovável — Veja Recurso natural.

Reflexão — Ato ou efeito de refletir, como as ondas incidentes em uma praia. Energia produzida por uma explosão ou outra fonte sísmica, que retorna após refletir em uma ou mais superfícies, caracterizadas por contrastes de impedância acústica, existentes no interior da Terra.

Refração — Deflexão na direção de propagação das ondas. É produzida pela passagem de ondas de uma região para outra, com velocidades de propagação distintas, no interior da Terra.

Registro geológico — Evidência de um evento geológico pretérito preservado em rochas, fósseis, etc. Por exemplo, a presença de varvito de Itu (SP), e indicativa de glaciação paleozoica (ocorrida entre o Carbonífero e o Permiano).

Registro histórico — Testemunho escrito de diversos eventos do passado como, por exemplo, terremotos e vulcanismos.

Regolito — Camada ou manto de material terroso incoerente recobrindo a superfície terrestre, na ausência do verdadeiro solo ou do embasamento rochoso. Pode conter materiais de variada origem, além de certo teor de matéria orgânica.

Resfriamento global — Hipótese defendida por muitos paleoclimatologistas. Estes, baseados na sucessão de estádios glaciais do Quaternário, consideram o Holoceno (últimos 10 mil anos), como um estádio interglacial e não pós-glacial. Nesse caso, como já decorreram cerca de 10 mil anos, que é a duração aproximada da maioria dos estádios interglaciais do Quaternário, poderíamos estar "às portas" de um novo resfriamento global por glaciação em tempo geologicamente curto.

Resina vegetal — Matéria fluida que se solidifica em contato com o ar atmosférico, em geral de cor amarelada, secretada por certas árvores, principalmente pertencentes às coníferas, como os pinheiros.

Respiração — Função vital pela qual se dão as trocas gasosas entre os tecidos orgânicos de seres vivos e os meios. No caso particular dos vegetais, ocorre fixação de oxigênio do ar e eliminação de gás carbônico (dióxido de carbono).

Ressurgência — Fenômeno oceanográfico que consiste na remoção das águas superficiais, mais aquecidas e mais leves, de regiões litorâneas, por ação de ventos paralelos à costa e sua substituição por águas de profundidade, mais frias e portanto mais densas. A ressurgência causa, em geral, um aumento na fertilidade das águas litorâneas e modificações climáticas nas áreas adjacentes, como acontece na região de Cabo Frio (RJ). Essa região se caracteriza por baixa pluviosidade (cerca de 800 mm/ano), em contraposição às porções norte e sul, muito mais chuvosas, atingindo aproximadamente o dobro.

Reversão de polaridade — Completa inversão de polaridade positiva (norte) ou negativa (sul) do campo magnético terrestre através do tempo geológico. A polaridade normal é a que coincide com a atual; a reversa é a contrária à atual.

Ritmito — Veja Sedimento rítmico.

Rocha — Comumente se refere a agregado (ou massa) de minerais formado naturalmente, e que se apresenta consolidado (coerente). Para o engenheiro civil, representa substância consolidada, de origem natural, que não pode ser escavada por métodos manuais.

Rocha armazenadora — Qualquer rocha que contém hidrocarboneto líquido (petróleo) ou gasoso (gás natural) preenchendo seus vazios (poros ou sistemas de fraturas). As rochas armazenadoras mais comuns são os calcários e arenitos, embora mais raramente possam ser representadas por rochas ígneas ou magmáticas. Sinônimo: "rocha-reservatório".

Rocha concrecionária — Rocha formada por crescimento simultâneo de concreções ou nódulos de composições químicas semelhantes, que formam agregados. O calcrete (caliche essencialmente carbonático), que é formado em solos de regiões de climas árido ou semiárido, constitui comumente rocha concrecionária. Essa feição é comum no "conglomerado casco de burro" do Membro Ponte Alta, da Formação Marília, do Grupo Bauru, do Cretáceo, da região de Uberaba (MG).

Rocha geradora — Camada geológica na qual se originaram petróleo e/ou gás. A rocha geradora desses hidrocarbonetos é, em geral, composta de folhelho preto, rico em matéria orgânica e também caracterizado por alta radioatividade.

Rocha ígnea — Rocha formada por solidificação, através de resfriamento, de material natural em estado de fusão, denominado "magma". Sinônimo: "rocha magmática".

Rocha magmática — Veja Rocha ígnea.

Rocha metamórfica — Rocha formada em estado sólido, em resposta a mudanças pronunciadas de temperatura, pressão e ambiente químico. Ocorrem geralmente a profundidades maiores que as de formação das rochas sedimentares.

Rocha-reservatório — Veja Rocha armazenadora.

Rocha porosa — Rocha com vazios internos, os quais se manifestam comumente como espaços inter ou intragranulares, além de fraturas, que podem ser ocupados por fluidos (líquidos e gases).

Rocha sedimentar — Rocha formada pela acumulação de fragmentos minerais transportados pela água (depósitos aquosos), pelo vento (depósitos eólicos), pelo gelo (depósitos glaciais), etc. Outras rochas sedimentares são compostas por fragmentos supridos pelos vulcões e depositados sobre os continentes ou em meios aquosos. Existem também os sedimentos precipitados química ou bioquimicamente.

Rocha termometamórfica — Rocha metamórfica originada por metamorfismo de contato, isto é, por recristalização devido a incremento de temperatura pela proximidade de rocha ígnea (ou magmática).

Rotação da Terra — Movimento que nosso planeta executa em torno de seu eixo, em cerca de 24 horas, no sentido anti-horário. A velocidade de rotação está diminuindo com o decorrer do tempo geológico.

Salinidade — Medida da quantidade total de sais dissolvidos na água. No caso da água do mar, é expressa em gramas por quilograma (g/kg), quando todos os carbonatos tiverem sido convertidos em óxidos, bromo (Br) e iodo (I), substituídos por cloro (Cl), e a matéria orgânica esteja completamente oxidada.

Satélite — Corpo celeste que gravita em órbita elíptica, segundo as leis de Kepler, ao redor de um planeta principal. Tem-se como exemplo a Lua, que gira em torno da Terra. Quando um corpo celeste é fabricado e colocado em órbita pelo ser humano, contendo vários equipamentos para diversas observações (meteorológicas ou comunicações), diz-se que o satélite é artificial.

Satélite artificial — Veja Satélite.

Saturno — O sexto planeta do Sistema Solar, que gira na órbita externa à de Júpiter. Dista do Sol, em média, 9,56 anos-luz; a translação e a rotação ocorrem em ciclos de 29,46 anos e 10 h e 39 min, respectivamente. Sua massa é 95 vezes maior que a da Terra, e seu raio equatorial mede 60.330 km. A densidade média de 0,70 g/cm^3 corresponde à menor entre os planetas do Sistema Solar; He e H_2 constituem seus principais elementos químicos, e até o presente foram reconhecidos 18 satélites orbitando ao seu redor.

Sedimento fluvioglacial — Veja Depósito fluvioglacial.

Sedimento glacial — Veja Depósito glacial.

Sedimento rítmico — Sedimento caracterizado por lâminas ou camadas alternadas e repetitivas — como acontece em varvitos —, típico de lago periglacial (adjacente a uma geleira). Exemplo, Varvito de Itu (SP). Cada par de lâminas (clara+escura) corresponde a um ano.

Sedimento vulcânico — Depósito sedimentar formado por fragmentos detríticos de origem vulcânica; também chamado de "depósito piroclástico". Possui granulação variável, desde bloco e areia até partículas mais finas.

Ser vivo celular — Ser em estado de atividade (animal ou vegetal) composto de células (tecido orgânico).

Ser vivo planctônico — Veja Organismo planctônico.

Ser vivo primitivo — Ser em estado de atividade (animal ou vegetal) que viveu nos primeiros tempos de existência da Terra.

Seres vivos — Animais ou vegetais que exibem atividades vitais, tais como locomoção, alimentação, etc., inclusive o ser humano.

Sismologista — Veja Sismólogo.

Sismólogo — Pessoa versada em sismologia que se dedica à detecção, estudo e interpretação de terremotos.

Sistema Solar — Conjunto de corpos celestes que, além do Sol, incluem planetas, satélites, asteroides e cometas, além de poeira e gás. Os quatro planetas mais próximos ao Sol são rochosos e pequenos, enquanto que os mais afastados são gigantes.

Sódio — Elemento químico metálico, de número atômico 11, peso atômico 22,99 e símbolo Na. O sal-gema (sal comum) é composto de sódio e cloro, tendo por fórmula química NaCl.

Sol — Corpo celeste (astro) luminoso situado no centro do Sistema Solar, do qual provêm a luz e o calor imprescindíveis à vida terrestre. Por extensão, refere-se a qualquer astro considerado como centro de um sistema planetário.

Sólido — Matéria mais ou menos coesa com forma e volume definidos.

Subducção — Processo de descensão de uma unidade tectônica (bloco rochoso), como parte componente de uma placa litosférica, sob outra. Acontece, por exemplo, na zona de subducção encontrada na margem continental ocidental da América do Sul.

Subida de nível do mar — Veja Elevação de nível do mar.

Substrato oceânico — Veja Fundo oceânico.

Substrato rochoso — Camada rochosa sotoposta (colocada logo abaixo) de outra rocha como, por exemplo, substrato basáltico vítreo hipotético, que existiria abaixo da litosfera da Terra.

Sulfeto de hidrogênio (gás sulfídrico) — Substância gasosa formada por moléculas de hidrogênio (H) e enxofre (S), de composição química H_2S. Emitido por matéria orgânica em putrefação, também é característico de avançado estágio de eutroficação, isto é, aumento de produtividade da água pelo aporte de grande quantidade de nutrientes. Apresenta odor que lembra ovo em putrefação.

Supercontinente — Continente formado pela junção de vários outros, como o Pangeia, idealizado por A. Wegener (1880-1930), que teria existido no fim da Era Paleozoica.

Supercontinente Gondwana — Veja Gondwana.

Supercontinente Laurásia — Veja Laurásia.

Supercontinente Pangeia — Veja Pangeia.

Superfície terrestre — Parte externa da Terra, que se encontra em contato com a atmosfera. Em geral se caracteriza por grandes desníveis como, por exemplo, altas cordilheiras sobre os continentes e profundas fossas submarinas, cujas diferenças chegam a quase 20 km.

Superpluma — Corrente de convecção de grande escala, que ascende das porções mais profundas do manto. Acredita-se que as superplumas possam produzir os gigantescos platôs basálticos continentais ou submarinos. Esse conceito tem sido usado na explicação da origem dos gigantescos platôs submarinos formados durante a fragmentação do Pangeia. A atividade da superpluma deve produzir profundas transformações nos ambientes terrestres, principalmente no clima.

Tectônica de plumas — Veja Pluma.

Temperatura — Expressão numérica da quantidade de calor de um corpo; pode ser representada por diferentes tipos de unidades de medida. Exemplo: 20°C (centígrados ou Celsius).

Temperatura Curie — Veja Ponto Curie.

Tempo geológico — Todo o intervalo cronológico, desde a origem da Terra até hoje, de aproximadamente 4,6 bilhões de anos. É subdividido arbitrariamente em eons, eras, períodos, épocas, etc., que são dispostos em colunas, com os tempos mais antigos na base e os mais novos no topo.

Teoria da deriva continental — Veja Deriva continental.

Teoria da expansão do fundo oceânico — Veja Expansão do fundo submarino.

Teoria do geossinclínio — Veja Geossinclínio.

Teoria de Milankovitch — Ciclo de glaciações formulado por Milankovitch (1879-1958) com base em variáveis astronômicas. As mudanças paleoclimáticas teriam resultado de variações nas distribuições geográficas sazonais da insolação, determinadas por mudanças dos elementos orbitais da Terra, tais como a excentricidade da órbita terrestre, o adernamento (inclinação) do eixo do planeta e a distância do periélio. Essa ideia foi reconfirmada por modernas reconstruções, radiometricamente datadas, das paleotemperaturas superficiais oceânicas e das sequências glaciais.

Teoria quântica — Teoria da Física, proposta por W. Heisenberg (Prêmio Nobel de Física de 1933), que trata da quantidade mínima de energia que pode ser emitida, propagada ou absorvida.

Teoria da tectônica de placas — Teoria da dinâmica terrestre, em escala global, envolvendo movimentações de placas rígidas da crosta terrestre. Tal fenômeno teria produzido a deriva continental e as mudanças nos tamanhos e nas formas das bacias oceânicas e dos continentes.

Termodinâmica — Tratamento matemático das relações entre o calor e a mecânica e outras formas de energia.

Terra — O nosso planeta. Situado, no Sistema Solar, em terceiro lugar em distância a partir do Sol, é o quinto planeta em tamanho entre os nove conhecidos. O raio e a circunferência na linha do Equador medem 6.378 km e 40.075 km, respectivamente. O único planeta habitado por seres vivos que se conhece.

Terra de diatomácea — Veja Diatomácea.

Terremoto — Tremor repentino da crosta terrestre, em geral associado a reativação de falhas ativas (falhas dormentes) ou a atividades vulcânicas. Pode causar escorregamento de terrenos, desabamento de moradias, etc. A intensidade dos terremotos varia de muito fraca (magnitude menor que 1) a muito grande (magnitude maior que 7).

Titã — O sexto satélite do Saturno. Seu nome deriva da mitologia grega. Titã era filho de Uranus (céu) e Gaea (Terra).

Titânio — Elemento químico metálico, de número atômico 22, massa atômica 47,90 e símbolo Ti.

Tório — Elemento químico metálico, naturalmente radioativo, de número atômico 90, massa atômica 232,038 e símbolo Th.

Torre vulcânica (ou chaminé vulcânica) — Estrutura que ressalta no relevo, formada por material vulcânico solidificado, que preenche o conduto de passagem do magma de um vulcão extinto. No Brasil tem-se, por exemplo, o Pico do Cabugi (RN).

Transcorrência destral — Falha de rejeito direcional, isto é, de deslocamento lateral. Ficando-se de frente para a direção de deslocamento, quando o bloco da direita se move aproximando-se do observador, tem-se a transcorrência destral.

Transcorrência sinistral — Falha de rejeito direcional, isto é, de deslocamento lateral. Quando se fica de frente para a direção de deslocamento e o bloco da direita se movimenta afastando-se do observador, tem-se a transcorrência sinistral.

Trapa (ou armadilha) petrolífera — Feição geológica subsuperficial, de natureza estrutural, estratigrafica ou mista, que armazena petróleo e/ou gás natural, além de eventualmente água (aquífero), que tenham migrado da rocha geradora.

Trilobita — Animal marinho extinto, da classe Arthropoda, que possuía esqueleto dorsal quitinoso, composto de cabeça, tórax e pigídio. Atingiu o clímax no Período Ordoviciano. O corpo possuía, em geral, de 3 a 5 cm de comprimento, mas o gênero *Uralichas* atingia até 70 cm.

Tritão — Um dos dois satélites do planeta Netuno. Tem tamanho maior que o da Lua e acredita-se que possa apresentar atmosfera, onde predominariam nitrogênio, metano e óxidos de carbono.

Universo — Conjunto das coisas existentes, tais como, a Terra, o Sistema Solar, as estrelas, os cometas, as nebulosas, incluindo até a Terra habitável, a sociedade, etc.

Urânio — Elemento químico metálico, naturalmente radioativo, de número atômico 92, de massa atômica 238,07 e símbolo U.

Urano — Planeta do Sistema Solar, distante do Sol 19,2 anos-luz. A translação e a rotação processam-se em ciclos de 84 anos e 17,24 horas, respectivamente. Seu raio equatorial mede 25.560 km, cerca de quatro vezes o da Terra. A densidade média é de 1,27 g/cm^3 e seus componentes químicos principais H_2 e o He. Como absorve a cor vermelha dos raios solares, Urano apresenta-se com coloração verde-azulada.

Vale fluvial — Planície entre montanhas escavada naturalmente por processo erosivo de um rio (água corrente). Nas cabeceiras, os vales fluviais tendem a ser fechados (em forma de V), com vertentes íngremes e forte declividade, predominando a erosão. Nas proximidades das desembocaduras, apresentam-se abertos, com vertentes suaves e fraca declividade, predominando a sedimentação.

Vale submarino — Relevo rebaixado e alongado existente no fundo submarino, semelhante aos vales encontrados sobre os continentes. Existem dois tipos de vale submarino: o primeiro forma incisões rasas sobre a plataforma continental; o segundo se desenvolve da plataforma para o talude continental, a profundidades que variam de algumas centenas de metros até 1.000 m. Quando as vertentes do vale são abruptas, temos o canhão submarino (submarine canyon).

Vapor de água — Água no estado gasoso, que é um componente importante do ar atmosférico. Cerca de metade do vapor de água da atmosfera distribui-se pelos 2 km de altura da troposfera, sendo muito escasso na estratosfera.

Vasa de globigerina — Depósito marinho carbonático ($CaCO_3$) em águas profundas, até cerca de 3.660 m, composto principalmente por carapaças de foraminíferos, especialmente do gênero *Globigerina*. Sendo planctônico, vai ter ao fundo só depois da morte.

Vênus — Planeta interno, de órbita vizinha à da Terra. A distância média do Sol é de 0,72 ano-luz e a translação ocorre em 224,7 dias. O seu raio equatorial mede 6.052 km e a densidade média é de 5,24 g/cm^3, ambos um pouco menores que os da Terra. A atmosfera de Vênus compõe-se essencialmente de dióxido de carbono (CO_2) e a temperatura superficial, devido ao intenso efeito estufa, chega aos 480°C.

Vento alísio — Vento que sopra da zona de alta pressão dos trópicos para a zona de baixa pressão do Equador. Muitas vezes, os ventos alísios sopram de SE no hemisfério sul e de NE no hemisfério norte. No Brasil, os ventos alísios atuam na costa nordestina, sendo também chamados de “ventos alisados”.

Vento solar — Os átomos de hidrogênio (H) e hélio (He) solares caracterizam-se pela grande velocidade de movimentação. Seus efeitos ultrapassam os campos gravitacional e magnético do Sol, prolongando-se espaço afora, para muito além da coroa solar. Nas proximidades da Terra, a velocidade do vento solar é de cerca de 500 km/s e a densidade de 1 a 10 partículas/cm^3. Essa baixa densidade lhe confere a condição de plasma.

Verme poliqueto — Juntamente com o oligoqueto, constitui uma grande divisão de vermes. Como animais representativos citam-se os que fabricam tubos carbonáticos, como a *Serpula* e *Spirorbis*.

Via Láctea — A nossa galáxia, onde está localizado o Sistema Solar. Tem forma espiralada, sendo que o Sol (centro do Sistema Solar) encontra-se na extremidade de um de seus braços, na borda periférica. No parte central da Via Láctea existem agrupamentos de estrelas jovens.(sistema astronômico composto de inúmeras estrelas e nebulosas)

Vibrações horizontais — Movimentos rápidos e oscilatórios, que seguem a direção paralela ao horizonte.

Vibrações verticais — Movimentos rápidos e oscilatórios, que seguem a direção do fio de prumo.

Vida — Estado de atividade dos animais e plantas, inclusive do ser humano, desde o nascimento até a morte.

Vida humana — Tempo de atividade do ser humano entre o nascimento e sua morte. Apesar da relativa longevidade humana (no máximo, pouco superior a 100 anos), pode-se considerá-la efêmera quando confrontada com a duração dos fenômenos geológicos.

Vida terrestre (ou organismos terrestres) — Designação coletiva para seres vivos que se originaram e vivem na Terra. A característica fundamental desses organismos é sua estrutura química baseada em compostos de carbono, que permite grande diversidade biológica. Esses compostos, além de constituir o arcabouço da vida terrestre, representam também uma fonte energética.

Viscosidade do magma — Atrito interno em magmas, devido à coesão molecular. É maior em lavas ácidas (ricas em sílica) e menor em lavas básicas (pobres em sílica).

Vulcanismo — Esse termo inclui todos os processos naturais que levam à formação de vulcões, rochas vulcânicas, derrames de lavas, etc.

Vulcão ativo — Vulcão que apresenta atividade. Isso inclui todo vulcão que mostrou alguma atividade nos últimos 2.000 anos. Nesse contexto, não existe vulcão ativo no Brasil. A denominação "vulcão dormente" deve ser evitada, dando-se preferência à expressão "vulcão ativo".

Vulcão em escudo — Cone vulcânico amplo, de encosta suave e forma dômica achatada, em geral com várias dezenas ou centenas de quilômetros quadrados. É formado principalmente por superposição e interdigitação de derrames de lavas vulcânicas. Exemplos típicos são os vulcões Mauna Loa e Kilauea, nas Ilhas do Havaí, e os grandes vulcões basálticos da Islândia.

Vulcão submarino — Existem dois tipos: de águas rasas e de águas profundas. Em águas rasas, as atividades vulcânicas são comparáveis às de uma ilha vulcânica. Em águas profundas, adquire forma peculiar, em função da pressão hidrostática. Estima-se que só no Oceano Pacífico existam cerca de 100 mil vulcões submarinos.

Zinco — Elemento químico metálico, de número atômico 30, massa atômica 65,38 e símbolo Zn (do alemão zink, através do francês zinc).

Zona de anoxia — Local geralmente subaquático em que se verifica falta de oxigênio. O ambiente anóxico é gerado por um suprimento de oxigênio inferior à demanda, como no caso do Mar Negro. Nesses locais pode haver sedimentação de lama rica em matéria orgânica que, mais tarde, poderá originar o folhelho negro.

Zona fossilífera — Qualquer intervalo, no registro sedimentar, contendo concentração anômala e muito alta de certos tipos de fósseis. Alguns autores não lhe atribuem maior significado estratigráfico.

Zona de orogenia — Local onde se acham cadeias montanhosas, em geral originadas por intensos dobramentos e falhamentos de espessas camadas sedimentares.

Zona pantanosa — Área baixa e plana coberta por camada de lama, em fundo de corpo aquoso muito raso e estagnado, em geral rico em restos vegetais.

Zona sísmica — Refere-se à disposição em faixa ou cinturão de sítios mais suscetíveis a atividades sísmicas (terremotos). Como exemplos citam-se o cinturão sísmico do Oceano Pacífico e o cinturão sísmico das cadeias mesoceânicas.

Zona vulcânica — Veja Cinturão vulcânico.